历史文化保护与传承示范案例

（第一辑）

住房和城乡建设部科学技术委员会历史文化保护与传承专业委员会
中国城市规划设计研究院 | 编著

中国建筑工业出版社

图书在版编目（CIP）数据

历史文化保护与传承示范案例. 第一辑／住房和城
乡建设部科学技术委员会历史文化保护与传承专业委员会，
中国城市规划设计研究院编著. —北京：中国建筑工业
出版社，2021.11（2022.11重印）
ISBN 978-7-112-26633-3

Ⅰ.①历… Ⅱ.①住… ②中… Ⅲ.①历史文化名城
—保护—案例—中国 Ⅳ.①TU984.2

中国版本图书馆CIP数据核字（2021）第198049号

责任编辑：刘　丹　陆新之
书籍设计：锋尚设计
责任校对：王　烨

历史文化保护与传承示范案例（第一辑）
住房和城乡建设部科学技术委员会历史文化保护与传承专业委员会
中国城市规划设计研究院　编著

*

中国建筑工业出版社出版、发行（北京海淀三里河路9号）
各地新华书店、建筑书店经销
北京锋尚制版有限公司制版
北京富诚彩色印刷有限公司印刷

*

开本：880毫米×1230毫米　1/16　印张：16　字数：267千字
2021年10月第一版　　2022年11月第三次印刷
定价：**198.00**元
ISBN 978-7-112-26633-3
（38064）

本书编委会

主　编：吕　舟

副主编：王　凯　伍　江　陈同滨　杭　侃

　　　　王树声　赵中枢

委　员（按姓氏笔画排序）：

　　　　王　林　王唯山　方钱江　田银生　冯斐菲

　　　　边兰春　刘仁义　阳建强　孙永生　何　依

　　　　张　松　张　杰　张大玉　张广汉　郑　路

　　　　赵志庆　徐涛松　董　卫　霍晓卫　鞠德东

编委会办公室

主　任：鞠德东

成　员：兰伟杰　张子涵　闫江东　杨宇豪　张　楠

序一

　　自1982年国务院公布首批国家历史文化名城以来，经过近40年的努力，我国在历史名城、名镇和街区的保护上，取得了可喜的成绩。已公布的国家历史文化名城从最初的24座扩展到137座，外加数量更多的历史文化名镇、名村和历史文化街区及历史建筑。从最初提出历史文化名城这一概念开始，40年来，保护对象逐步扩大和多样化，保护制度从无到有不断发展和完善，保护方法更加科学，更具有地方特色并进入了立法程序……所有这些，都在延续城市的历史文脉、保护历史文化遗产和塑造特色风貌中发挥了重要的作用。

　　与此同时，也应该清醒地看到，在城镇化加速和经济建设大潮的背景下，历史环境保护正面临着极其严峻的局面和空前的挑战。大规模的住房建设和旧城改造，对城市历史环境和街区的保护构成了重大的威胁。除了大拆大建等直接破坏文化遗产的行为外，还有人们在保护观念上的种种问题，以及在历史文化保护传承的认识和方法上的众多误区。有的无视真实的历史建筑和遗存，而是为旅游开发将建造仿古街区和假古董视为保护工程；有的完全从经济效益出发，无视原有的人文环境和街区性质，将城市和街区彻底商业化；特别是在整体环境的保护上，和先进国家相比，差距尤为明显；我们的名城名镇虽然数量不少，但很多仅存少数文物古迹和历史建筑，原有的城市格局及古城风貌荡然无存；有的只关注城市本身，却忽视了周边自然山水的环境和景观价值，历史上山水交融的景象已不复存在。

　　历史环境的保护是个专业性极强的工作。如何尽快提高从业人员的专业素质；如何在保护历史环境的同时又能切实有效地改善当地居民的生活条件，完善必要的设施和改进环境品位；如何在满足通用技术规范和标准的同时，又能做到灵活变通，解决实际的工程问题；如何积极引导社会力量参与保护和利用，坚持在使用中进行保护，等等；凡此种种，都是摆在我们这代保护规划师面前亟待解决的现实问题。

　　40年来，针对这些问题，我们已积累了许多经验，当然也不乏教训。与此同时，许多国家也都针对自己的国情，在解决方法上作出了可贵的尝试。所有这些，都需要我们在进一步总结和思考的基础上借鉴、吸收和推广。这次由住房和城乡建设部建筑节能与科技司、部科学技术委员会历史文化保护与传承专业委员会、中国城市规划设计研究院组织编写的《历史文化保护与传承示范案例（第一辑）》一书是一次可贵的尝试，既必要也很及时。尤为难能可贵的是针对目前存在的问题，提出了五项标准，特别强调整体保护、改善人居环境、注重公共参与和管理等。遴选的30多个案例中，可能还存在着这样或那样的不足，但无疑都在某些方面有所创新。相信本书的出版，能够进一步推动名城保护事业的发展。尽管在我们面前还有很长的路要走，还有很多的问题亟待解决，但只要努力，定会取得更多、更大的成绩。

中国工程院院士

中国城市规划设计研究院研究员

序二

　　1982年我国开始建立历史文化名城保护体系以来，在各地政府的主导、专业机构的推动下进行了大量历史文化名城、历史文化名镇名村、历史文化街区和历史建筑的保护实践，积累了丰富的经验，使大量有悠久历史的城市、镇村的历史遗存得到了保护。这些历史遗存是中国五千年文明历久弥新、不断延续的见证。今天，国务院已经公布了137座城市为国家级历史文化名城。在这些国家级历史文化名城，以及数量更大的省级历史文化名城中保存的各个历史时期的遗存，构成了今天人们认识中国历史文化的教科书，构成了传承优秀传统文化的源泉，也构成了今天中国社会可持续发展的基础。

　　对历史文化名城、名镇名村、历史文化街区和历史建筑的保护是一个不断发展的过程，从强调对物质形态的保护，到对城市历史风貌的延续，从政府大面积、大投入的保护工程项目，到社区的广泛参与，再到以人民为中心的微改造、微循环、"绣花功夫"；从强调街巷肌理，到整体城市与自然地理环境的保护，再到整体的文化传统的传承与弘扬，可以清晰地看到中国历史文化名城保护理论、方法的成长过程。

　　今天中国社会进入到一个新的发展阶段。在这个发展阶段中，与之前大规模、高速度、扩张式发展的模式存在极大的不同，中国已经进入到一个基于存量的高质量发展的过程当中。在这一时期中，历史文化名城、名镇名村、历史文化街区、历史建筑的保护应当如何进行理论建设，提高实践水平，高质量发展也是一项严峻的挑战。住房和城乡建设部自2018年开始的"城乡建设与历史文化保护传承体系研究"是针对这一挑战的回应。"在城乡建设中历史文化保护传承体系"建设就是要完善历史文化保护与传承的顶层设计，构建一个更为完善的见证、表达中国历史文化的标识体系，在城、镇、村的层面建立一个政府主导，全社会、全民参与的保护与传承并重、强调创新发展的文化发展新模式。2020年8月10日住房和城乡建设部、国家文物局发布的《国家历史文化名城申报管理办法（试行）》，提出了历史文化名城应当具备的六条价值标准，即：对中国古代历史发展的影响；对中国近现代历史发展的影响；对中国共产党领导中国人民奋斗历史的见证作用；对中华人民共和国建设成就的见证作用；对改革开放建设成就的见证作用；对中国丰富多彩的文化多样性的表达。这意味着从更完整的视野看待和认识历史文化名城，这是构建新的城乡建设中历史文化保护传承体系的一个重要步骤。

　　今天所说的历史文化的保护传承也不仅仅是对历史遗存物质形态的保护，而是融合自然地理环境要素和历史城镇肌理及遗存，物质遗产与非物质遗产相结合的整体的保护和传承，这是面向未来的保护，是侧重文化传承、弘扬的保护。这种保护强调"以人为中心"、社区、市民的参与，强调社区文化的复兴与发展，强调民众在保护中的获得感和重建文化自豪感和自信心，加强社会凝聚力。在各地的实践中，有很多宝贵的经验。但各地的历史文化名城、名镇名村、历史文化街区、历史建筑的保护在实践上具有明显的不平衡性，一些地方在保护上积极促进社区和居民的参与，调动社会各方面的积极性，在保护好具有历史文化价值的遗存的基础上，通过环境和基础设施的整治、改善提升社区生活品质，提供公共文化活动和社区交往空间，构建了社区的历史文化价值展示体系，也促进了社区文化的活跃和重建。相反也有一些地区仍然采用大规模搬迁居民，大拆、重建的开发模式，一些地方在原有已取得的经验基础上反而明显倒退。这些方式本质上不是对历史文化的保护和传承，而是以历史文化保护为名的地产开发，是对历史文化的改变和终断。在这种情况下推广好的经验，树立榜样，促进经验交流，提高历史文化保护传承的整体水平就变得非常必要和急迫。

2020年，在住房和城乡建设部建筑节能与科技司的支持下，部科学技术委员会历史文化保护传承专委会向各地征集了历史文化名城、名镇名村、历史文化街区、历史建筑的保护、传承、创新的优秀案例，专委会组织专家对各个项目的经验进行了提炼和点评。其中既有平遥、丽江这样的世界遗产城市长期的实践，也有许多历史文化街区不断的尝试和探索。这次结集出版的案例，反映了近年各地在历史文化保护传承方面的探索。同时需要指出的是，许多案例也还存在着或多或少的不足，但专委会的专家认为这些案例至少在保护、传承、创新等方面具有示范性。在推广和介绍这些实践经验的同时，我们也希望这些项目的组织、实施单位也能吸取其他案例的经验，不断改善和提高历史文化保护传承的水平。

历史文化保护传承是一个没有终结的过程，需要不断地探索和积累经验，不断创新发展。专委会希望这次优秀案例的推广是历史文化保护传承体系建设的一个步骤，能够促进更多优秀案例和经验的出现。

清华大学建筑学院教授

住房和城乡建设部科学技术委员会历史文化保护与传承专业委员会主任委员

序三

当前我国城镇化发展进入到"下半场",快速的增量扩张时代已经转化为存量更新、提质发展的新阶段。党的十八大以来党中央国务院高度重视历史文化遗产保护,强调要弘扬优秀传统文化、保护历史文化遗产。在这个背景下探索历史文化名城保护和传承的成功路径将是新时期引导城市转型发展的重要着力点,也是提高城市品质、提高城市综合竞争力的重要抓手。

在城市宏观布局方面,历史文化保护与发展是城市发展的一项战略性任务。我国有上下五千年的文明史,几乎每个城市都有成百上千年的文化积淀,在新一轮的城市竞争中,只有在城市发展中把握好文化引领的战略意义,才能在未来的城市竞争中把握方向、抢占先机。

在城市中微观实施方面,大规模增量时期已经过去。国家提出将实施城市更新行动作为进一步促进国家高质量发展的重大决策部署,意义重大。代表城市核心价值的历史城区和历史文化街区是城市更新对象中历史最悠久、问题最复杂的一类。老城、历史文化街区面临的基础设施不足、公共服务短缺、人居环境品质下降、经济衰退等很多问题同样是老旧小区、老旧厂房等其他类型城市更新区域中可能面临的问题。今天示范案例集的出版先行先试,对城市建成区出现的若干问题针对性提出可借鉴经验,将为我国城镇化"下半场"的规划建设提供思路。

回顾我国近四十年名城保护历程,是伴随高速城镇化进程的四十年,是在城市要发展、遗产要保护的矛盾中艰难行进的四十年,也是保护制度从无到有、从开创奠基到引领行业发展的四十年。历史文化名城保护工作经历了保护概念的诞生、保护层次的逐步完善、保护方式的立法化三个阶段,在这个过程中保护对象更加多样化,保护方法更具有地方特色,在实践中逐步夯实理论基础。在四十年的共同努力下,保存下来一大批优秀的历史文化遗产,部分历史文化名城已在新一轮城市角逐中凸显出文化引领的优势,历史城区、历史文化街区成为城市的金名片,也成为城市活力中心、时尚创意中心,激发了城市的吸引力和城市魅力。

近四十年,保护理论不断沉淀、创新,各地的保护工作因地制宜地探索出多种路径,更加注重遗产的真实性与完整性保护、社区治理、多方参与等方面。此次评选出的示范案例,有的在老城整体保护中做得好,有的在人居环境改善方面表现突出,有的在街区活化利用、制度创新等方面进行了深入探索,这些宝贵的经验是对这四十年名城保护工作的一个总结和展示,代表了近十多年历史文化名城保护领域的发展趋势。

同时我们也应看到，当前我国名城保护工作依然面临严峻挑战，现代化建设愈发挤压历史文化空间，文物生存环境遭到破坏，各地保护意识参差不齐，拆真建假、仿古街区的建设情况屡有出现，保护方法和理论有待普及，值此示范案例集出版之际，也为正处于保护盲区的城市提供借鉴。

本书的编纂在住房和城乡建设部建筑节能与科技司、部科学技术委员会历史文化保护与传承专业委员会指导下完成，中国城市规划设计研究院承担了具体工作任务。领域内专家为案例进行了多轮精心筛选，这些案例集聚了各省市人民政府、规划设计单位、实施单位、运营单位、居民、媒体等各界心智心力，每一个示范案例的实施都经历了数年甚至数十年的辛勤耕耘。在建党百年、名城保护制度设立四十周年之际，本书的出版是对我们来时路的总结、反思、肯定，更是开启新征程，启明下一个百年目标的新起点。

历史文化保护与传承是一项综合性强、立足长远的系统性工程，需要法律法规的健全、多专业多行业协同合作、学科交叉和新思维的引入，实践和理论的总结只是一个开端，希望业界持续关注、探索历史文化名城和街区工作，为保护和传承好我国优秀传统文化作出更大贡献。

中国城市规划设计研究院院长

教授级高级规划师

目录

第一章
历史文化保护与
传承示范案例综述

1 示范案例评选背景

自1982年公布首批国家历史文化名城以来，我国历史文化名城保护制度不断发展完善，在快速城镇化进程中保护了大量珍贵的历史文化遗产。截至2021年9月底，全国共公布国家历史文化名城137座、中国历史文化名镇312个、中国历史文化名村487个，划定历史文化街区970片、确定历史建筑约4.27万处。在近40年的保护实践中，各地积极探索历史文化保护、传承、利用的路径和方法，历史文化名城名镇名村保护在延续历史文脉、保护文化基因和塑造特色风貌中发挥了重要作用，成为我国改革开放40年来取得的重大成就之一[①]。

十八大以来，党中央对历史文化保护工作给予前所未有的重视，营造了前所未有的良好环境，也提出了前所未有的更高要求。习近平总书记多次指出，城市规划和建设要高度重视历史文化保护，不急功近利，不大拆大建；要突出地方特色，注重人居环境改善，更多采用微改造的"绣花功夫"；要注重文明传承、文化延续，让城市留下记忆，让人们记住乡愁[②]。2021年5月21日，中央全面深化改革委员会第十九次会议审议通过的《关于在城乡建设中加强历史文化保护传承的若干意见》指出："要着力解决城乡建设中历史文化遗产屡遭破坏、拆除等突出问题，加强制度顶层设计，统筹保护、利用、传承，坚持系统完整保护"。

我们注意到，除了大拆大建等直接破坏文化遗产的不当行为，各地对历史文化保护传承的认识和方法仍存在很多误区。有的城市忽视了古城周边自然山水环境的价值，致使历史上山水交融的景观不复存在，人与自然和谐共生的理念没有得以传承；有的城市不重视古城整体空间格局和肌理的延续，仅保留文物古迹和历史建筑，对古城格局风貌造成了严重破坏；有的城市拆真建假，将建设仿古建筑当作历史保护，为了旅游开发拆除真实历史遗存建设仿古街区和"假古董"，严重破坏了历史真实性；有的城市只关注经济效益，将古城、古镇、古村、古街区彻底商业化和景区化，搬迁原有居民和商户，完全改变了原有人文环境。更令人担忧的是，很多存在偏差、甚至完全违背"历史真实性、风貌完整性、生活延续性"的案例在市场和资本的推动下竟

---

① 参见《两部门联合召开国家历史文化名城和中国历史文化名镇名村评估总结大会》
http://www.gov.cn/xinwen/2018-12/26/content_5352258.htm
② 参见《习近平：高举新时代改革开放旗帜 把改革开放不断推向深入会》
https://www.ccps.gov.cn/zt/ggkf40zn/xwjj/tpxw/201901/t20190122_128785.shtml

然成为广泛宣传和效仿的对象，而大量在整体保护、人居环境改善、活化利用等方面效果显著的优秀案例却没有得到充分的宣传，正确的价值观尚未深入人心。

在此背景下，有必要对历史文化保护传承实践中涌现出的优秀案例进行遴选，总结40年来形成的具有中国特色的历史文化保护理念、路径、方法、经验，加强历史文化保护与传承工作的方向引导，为全国历史文化保护工作提供示范和借鉴。

2 示范案例征集和评选过程

（1）案例征集

2019年10月，住房和城乡建设部建筑节能与科技司委托部科技委历史文化保护与传承专业委员会（以下简称"专委会"）和中国城市规划设计研究院在全国范围内组织开展了历史文化保护与传承示范案例征集工作。截至2020年10月，一共征集到19个省（市、区）47个城市推荐的历史文化保护与传承案例共62个，其中历史文化名城类案例16个、历史文化街区类案例46个。

（2）标准制定

从国内外历史文化遗产保护的基本要求和新时期历史文化保护传承的要求出发，专委会确定了5个方面的评选标准："坚持整体保护、改善人居环境、强调活化利用、创新技术方法、注重公众参与和管理。"这五项标准覆盖了保护传承工作的主要内容，代表了新时期保护传承工作的引导方向。

首先，始终要把保护放在第一位，系统完整保护传承城乡历史文化遗产和全面真实讲好中国故事。其次，要将改善人居环境改善作为优先事项，增加老百姓的幸福感、安全感，让保护更有温度。第三，为了推动城乡高质量发展，不仅要守住保护底线，还要加强活化利用，让历史文化和现代生活融为一体，实现永续传承。第四，要鼓励保护传承工作中的技术创新，引入各类新技术手段，不断积累、丰富保护的"技术库"与"工具箱"。第五，要建立有效的管理机制、鼓励各方主体发挥积极作用，形成保护合力，实现保护传承的共同缔造。（五项标准的具体内容详见"3 示范案例评选标准"）

（3）专家评审

2020年11月5～6日，专委会组织专家在北京召开了历史文化保护与传承示范案例评选会。经初评和复评两个环节，推荐出了示范案例名单（分为历史文化名城类和历史文化街区类。历史文化街区包括5个类别，分别是整体保护类、人居环境改善类、活化利用类、工程技术创新类、公共参与和管理类）。

2020年12月2日，专委会秘书处对初评、复评推荐的示范案例名单进行了详细讨论，对案例名单进行了筛选，提出了复核案例名单。2020年12月10～16日，专委会委托专家进行了部分案例现场和材料复核。结合专家复核意见，最终确定历史文化保护传承示范案例32项。

3 示范案例评选标准

五项标准的主要内容和具体条件如下。

（1）坚持整体保护

整体保护是国内外文化遗产保护领域的共同经验。1964年，国际古迹遗址理事会通过的《国际古迹保护与修复宪章》指出："历史古迹的概念不仅包括单个建筑物，而且包括能从中找出一种独特的文明、一种有意义的发展或一个历史事件见证的城市或乡村环境。"2005年10月国际古迹遗址理事会第十五届大会通过了《西安宣言》，强调了遗产环境的概念。《历史文化名城名镇名村保护条例》第二十一条要求："历史文化名城、名镇、名村应当整体保护，保持传统格局、历史风貌和空间尺度，不得改变与其相互依存的自然景观和环境。"可以说，对于城市、街区、地段、景区、景点，要保护其整体的环境，这样才能体现出历史的风貌，保持遗产的独特性。任何历史遗产均与其周围的环境同时存在，失去了原有的环境，就会影响对历史信息的正确理解。[①]

本次所提历史文化名城整体保护的评价标准主要包括：地形水系等城址环境保护良好、历史城区传统格局和整体风貌保持良好、历史城区街巷尺度和空间肌理保持良好、文物古迹保存良好、非物质文化遗产有效传承。例如，平遥古城为达到整体保护的目标，在"点"的方面，对文物保护单位、古遗迹、历史建筑等进行抢修、复原，对传统民居进行修缮；在"线"的方面，高度重视古城内街巷的保护，对南大街、西

---

① 参见《历史文化名城名镇名村保护条例释义》。

大街、衙门街、城隍庙街等重点街区按照历史风貌进行了全面保护整治；在"面"的方面，对建筑高度和风貌进行控制，拆除整治一批违法及风貌不协调建筑，使古城典型明清建筑格局与风貌得到更加完整展现。

历史文化街区整体保护的具体评价标准包括：1）各类保护要素保存完好，包括文物保护单位、历史建筑、传统风貌建筑、古树名木、古井等。例如，泉州金鱼巷在实施中保留了从唐宋到民国乃至20世纪的各类历史空间、建筑元素、环境要素，甚至是缠绕在破壁中的绿榕也得以保留，展示了居民的真实生活状态。南京颐和路从"街道—院落—建筑"入手，对历史街巷进行整治，院墙、建筑外观和环境小品均参照民国时期的样式进行修缮，呈现了民国时期的整体环境风貌特色。2）建筑风貌整体保持良好，包括现代建筑和新建建筑的高度、体量、色彩、材质等和街区整体风貌协调，广告牌匾、空调外挂机等建筑附属设施和建筑风貌协调。3）外部环境风貌保持良好，包括历史街巷路面铺装保持传统材质或采用与传统材质协调的铺装、路灯、座椅、标识牌等街道家具和街区整体风貌协调。4）空间肌理保持良好、传统文化延续传承等。

（2）改善人居环境

改善人居环境是历史文化保护传承的基础性工作。名城和街区由于历史文化积淀深厚，形成年代久远，往往现代化程度较低，且由于资金投入长期不足，基础设施和公共服务设施相对落后，不能满足现代生活的需要。因此，逐步改善名城和街区的基础设施和公共服务设施条件，进而改善人居环境，体现"以人为本"的理念，是政府应尽的责任与历史文化保护传承工作的基础。

历史文化名城和历史文化街区改善人居环境方面的具体评价标准包括：1）适度疏解人口，改善居住条件。2）完善名城和街区的交通设施，建设和完善历史城区和街区的给水、排水、燃气、通信、消防等基础设施，满足居民日常生活中的用电、用水、用气等需求。3）提升环境品质，小微公园、街头绿地设置完善，街区环境优美舒适。4）改善公共服务设施，主要包括按规划建设的必要生活设施，如学校、托儿所、幼儿园、商店、体育、医疗等设施。例如，扬州仁丰里历史文化街区重点改善整个街区的滨河、院落、公共空间绿化，恢复传统的条石、青砖路面，实施强弱电杆线下地和供水、排水管道改造，延伸燃气管道和消防管网，全面提升排水、供电、管道燃气等市政公用设施配套水平。

（3）强调活化利用

活化利用是文化遗产"创造性转化、创新性发展"的时代要求。党的十九大报告要求推动中华优秀传统文化创造性转化、创新性发展。《住房城乡建设部关于加强历史建筑保护与利用工作的通知》（2017年）提出要最大限度发挥历史建筑使用价值，支持和鼓励历史建筑的合理利用。要采取区别于文物建筑的保护方式，在保持历史建筑的外观、风貌等特征基础上，合理利用、丰富业态、活化功能，实现保护与利用的统一，充分发挥历史建筑的文化展示和文化传承价值。2019年印发的《文物建筑开放导则》也要求："文物建筑开放应有利于阐释文物价值、发挥文物社会功能、保持文物安全、提升文物管理水平，在不影响文物建筑安全的前提下，依托文物建筑进行参观游览、科研展陈、社区服务、经营服务等活动。"可以说，活化利用是促进文化遗产传承和可持续发展的重要途径。

历史文化名城和历史文化街区活化利用的具体评价标准包括：1）确定了合理的功能定位。2）保持了原有生活网络和功能活力，延续了街区传统功能，复兴了老字号等传统业态。培育了适应现代生活的新功能、新业态，实现了传统功能和现代生活的有机融合。3）积极引导社会力量参与历史建筑的保护和利用，探索建立历史建筑保护和利用的规划标准规范和管理体制机制等。例如，抚州文昌里历史文化街区在保护物质文化遗产的同时，也成为非物质文化遗产传承人和手工艺人对外展示的窗口，铁金银錾刻、临川竹篾、临川白浒窑等非物质文化遗产在街区内得到保护展示，江西省首届文昌里非物质文化遗产展演展示活动等一系列大型文化活动在文昌里街区内举办。广州恩宁路建立了"政府主导、企业运作、多方参与，利益共享"机制，通过BOT模式引入企业参与建设及运营，拓宽了保护利用的资金渠道。

（4）创新技术方法

技术方法创新是历史文化保护传承的重要探索领域。历史城区、历史文化街区是长期演变而成的，其环境多样复杂，既有的规划技术、规范主要针对一般城镇地区建设，缺乏针对保护与利用结合的适应性手段。为有效解决历史文化名城、历史文化街区、历史建筑存在的问题，适应现代人和现代城市的功能需求，需要在具体实践中探索适宜性、创新性的技术方法。例如，历史建筑的修缮，既要解决现状结构老化等问题，又要保持历史建筑的风貌特色。历史文化街区内的基础设施布局，要在狭小空间内采用适宜性小型综合管廊或者缆线管沟，需要架空或者沿墙敷设时则需要采用遮挡、隐蔽和装饰等措施，满足历史风貌协调的要求。

历史文化名城技术方法创新的具体评价标准包括：建设了信息化管理平台，采取了针对性的建筑修缮措施，采取了微循环、智慧交通管理等交通组织措施，采取了微型管廊等市政工程改善技术等。例如，丽江古城建立了综合性消防管理体系，古城管理部门整合"人防""技防"手段，对消防栓水压、电线温度、漏电、消防力量配备等实时监测调度，给每家商铺都安装了烟感报警器，警报可通过手机APP发送给店主和社区消防安全员。

历史文化街区技术方法创新的具体评价标准包括：在历史建筑修缮、历史街巷整治、交通综合治理、基础设施改善、防灾等方面采用了适应历史建筑及其所在历史地段的创新技术。例如天津五大道历史文化街区的保护与利用过程中，针对建筑结构老化、外檐破损、设备落后等问题，在修复加固和功能提升方面进行了一系列的专题研究和技术攻关。为了在历史风貌建筑中尽可能地保存砖木结构建筑体系，在整修中使用了碳纤维布加固技术对原木质结构进行加固，有效延长了砖木结构寿命。

（5）注重公共参与和管理

有效的公共参与和管理是历史文化保护传承的重要保障。《国务院关于加强文化遗产保护的通知》（国发〔2005〕42号）明确规定，各级人民政府要将文化遗产保护经费纳入本级财政预算，保障重点文化遗产经费投入。要抓紧制定和完善有关社会捐赠和赞助的政策措施，调动社会团体、企业和个人参与文化遗产保护的积极性。《历史文化名城名镇名村保护条例》明确要求："国务院建设主管部门会同国务院文物主管部门负责全国历史文化名城、名镇、名村的保护和监督管理工作。地方各级人民政府负责本行政区域历史文化名城、名镇、名村的保护和监督管理工作。国家鼓励企业、事业单位、社会团体和个人参与历史文化名城、名镇、名村的保护。"可以说，历史文化保护传承工作，既需要地方政府履行主体责任、安排保护资金，也需要全社会的共同参与。

历史文化名城公共参与和管理的具体评价标准包括：设立了保护管理和实施机构，科学编制保护规划并组织实施，出台了专项保护管理法律法规、规章制度、办法导则等，建立了多元主体参与保护实施的管理制度或工作模式，设立了专项保护资金等。例如，山东省青州市政府积极探索适合青州古城的管理模式。通过对街区内申请修缮、翻修房屋进行严格的风貌控制，突出青州地域建筑特色。制定《青州古城牌匾等户外广告及雨棚等沿街设施设置标准》，严格控制街巷景观与古城风貌协调。对景区经营、交通、卫生等进行常态化规范管理，实现从"乱"到"治"的可喜转变。

历史文化街区公共参与和管理的具体评价标准包括：保护实施和日常运营维护过程

中开展公共参与，各类社会组织参与保护利用工作，出台地方法规，落实保护资金，管理能力不断提升等。例如，苏州平江历史文化街区通过引进市场化品牌物业服务企业，参照景区管理的标准，实现片区的长效管理。依托网格化管理，建立"党建+物业"模式，实现开放式街区的社区综合治理。南京市秦淮区小西湖（大油坊巷）历史风貌区建立了由政府职能部门、产权人或承租人、街道社区、设计师（产权人和租赁等关系）、国资平台联合协商的五方平台会议，社区规划师管理制度及私房自主更新申请流程，创新式的开展从策划、设计、建设及市场运作等多元互动的全过程公共参与管理。

4 示范案例分类说明

考虑到本次参与评选名城类案例的数量，只设"名城类"大类。在历史文化街区类案例中，将符合3~4项评选标准的案例确定为"街区综合类"案例，作为保护传承工作的整体示范；将符合1~2项评选标准的案例确定为"街区单项类"案例，重点推荐该案例某些方面的具体经验，以求精准指引。

最终评选出的32项示范案例中，包括历史文化名城案例4项，历史文化街区综合类案例9项（获得5个类别中3项以上提名的案例确定为"综合类"案例），历史文化街区单项类案例19项（见表1）。

示范案例和示范方向一览表

表1

序号	案例名称	案例分类	示范方向
1	平遥历史文化名城	名城类	—
2	丽江历史文化名城	名城类	—
3	巍山历史文化名城	名城类	—
4	青州历史文化名城	名城类	—
5	扬州市仁丰里历史文化街区	街区综合类	整体保护类、人居环境改善类、活化利用类、公共参与管理类
6	泉州市金鱼巷	街区综合类	整体保护类、人居环境改善类、公共参与管理类、工程技术创新类
7	上海市衡山路—复兴路历史文化风貌区	街区综合类	整体保护类、人居环境改善类、公共参与管理类
8	北京市东四三条至八条历史文化街区	街区综合类	整体保护类、人居环境改善类、公共参与管理类
9	苏州市平江历史文化街区	街区综合类	整体保护类、人居环境改善类、公共参与管理类
10	天津市五大道历史文化街区	街区综合类	整体保护类、活化利用类、工程技术创新类
11	抚州市文昌里历史文化街区	街区综合类	整体保护类、人居环境改善类、活化利用类
12	广州市恩宁路历史文化街区	街区综合类	人居环境改善类、活化利用类、工程技术创新类
13	重庆市磁器口历史文化街区	街区综合类	活化利用类、公共参与管理类、工程技术创新类
14	拉萨市八廓街历史文化街区	街区单项类	整体保护类、人居环境改善
15	北京市杨梅竹斜街	街区单项类	活化利用类、公共参与管理类
16	杭州市桥西历史文化街区	街区单项类	活化利用类、公共参与管理类

序号	案例名称	案例分类	示范方向
17	南京市秦淮区小西湖（大油坊巷）历史风貌区	街区单项类	人居环境改善类、公共参与管理类
18	北京市崇雍大街	街区单项类	人居环境改善类、公共参与管理类
19	广州市沙面历史文化街区	街区单项类	整体保护类、公共参与管理类
20	昆明市翠湖周边历史文化街区	街区单项类	整体保护类、公共参与管理类
21	湖州市小西街历史文化街区	街区单项类	人居环境改善类、公共参与管理类
22	南京市颐和路历史文化街区	街区单项类	整体保护类
23	扬州市东关历史文化街区	街区单项类	人居环境改善类
24	宜兴市丁蜀镇蜀山古南街历史文化街区	街区单项类	公共参与管理类
25	镇江市西津渡历史文化街区	街区单项类	整体保护类
26	上海市杨浦滨江南段	街区单项类	活化利用类
27	黄山市歙县府衙历史文化街区西街壹号	街区单项类	活化利用类
28	昆明市文明街历史文化街区	街区单项类	活化利用类
29	泉州市中山路历史文化街区	街区单项类	活化利用类
30	南宁市三街两巷历史文化街区	街区单项类	活化利用类
31	北京市白塔寺历史文化街区	街区单项类	公共参与管理类
32	济南市历下区历史文化街区	街区单项类	整体保护类

5 本书编写过程

2021年初，为了更好宣传、展示示范案例的实施效果和示范经验，专委会秘书组拟定了示范案例的内容要点。经各申报单位对前期申报材料的进一步总结、提炼，形成了本书案例部分的主体内容。可以说，每个案例的示范经验都是对长期保护传承实践的一次回顾与反思，每条经验都是具体做法的一次思想和理论升华。这些案例虽仅是我国大量历史文化保护传承实践的冰山一角，却也能够从五个方面为建构具有中国特色的保护传承理论和方法体系提供坚实的基础。希望本书能够为引导历史文化保护传承的正确方向发挥积极的作用！

第二章
历史文化名城类
示范案例

1 平遥历史文化名城

供稿单位： 山西省平遥县自然资源局

供稿人： 李裕、郝世忠、温俊卿、姬旭泽

专家点评

平遥通过一系列整体保护举措，实现了古城传统格局和历史风貌的真实保护。通过古城街巷内管线入地、增加燃气和煤改电等多种措施解决了居民做饭、取暖的能源问题，改善了基础设施。通过建立政府补贴引导传统民居修缮的制度，渐进式地修缮和持续改善居民居住条件，保证了生活延续和传统民居的有效保护，传承了古建筑营造技术。

（1）项目概况

区位： 平遥县隶属晋中市，位于山西省中部，太原盆地西南，太岳山以北，太行山、吕梁山两襟中央，汾河和南同蒲铁路、108国道、大运高速公路穿境而过。境内南北平均长约40公里，东西宽约30公里，总面积为1260平方公里，总人口54万人。

资源概况： 平遥县有近2800年的悠久历史，1986年被国务院公布为第二批国家历史文化名城，1997年平遥古城与双林寺、镇国寺一同被联合国教科文组织列入《世界遗产名录》。全县共有全国重点文物保护单位20处、省级文物保护单位2处、市级文物保护单位4处、县级文物保护单位117处，历史建筑506处；列入名录的非物质文化遗产共有国家级4项、省级19项、市级31项、县级110项。

价值特色： 平遥古城是中国汉民族城市在明清时期的杰出范例之一，保存了其所有特征，而且在中国历史的发展中为人们展示了一幅非同寻常的经济、文化、社会及宗教发展的完整画卷。

实施内容： 平遥古城保护与修复工程包括文物保护单位、历史建筑保护修缮和传统民居修复，市政基础设施和公共服务设施提升改善，街巷硬化与主要街道立面整治，建筑高度、风貌整治工程和历史文化资源活化利用等内容。

（2）实施成效

平遥积极开展历史文化资源普查认定工作，对历史文化街区、文物保护单位、历史建筑、非物质文化遗产等进行普查、申报和建档，形成了完善的历史文化资源保护体系。

平遥对古城内传统民居长期进行维护，保护传统建筑风貌，改善人居环境。2012年至今，平遥县政府在上级部门支持下，争取到联合国教科文组织和全球遗产基金会的支持，出台了古城内传统民居保护修缮的补助办法和《平遥古城民居保护修缮及环境治理实用导则》，支持传统民居修缮。该项活动荣获"2015联合国教科文组织亚太地区文化遗产保护奖"优秀奖。

平遥通过基础设施改善、街巷硬化与立面整治、建筑风貌整治等工程，极大改善了古城内部景观风貌，保持了古城传统风貌完整；修建停车场与公共活动场所，丰富和提升了古城内公共服务设施的类型和品质，街区活力持续提升。

平遥积极开展活化利用工作，形成了一系列优秀的活化利用经验。如原柴油机厂经改造设计后作为电影宫园区，成为众多节庆活动的举办基地和公众休闲场所。2020年12月，平遥电影宫荣获"2020联合国教科文组织亚太地区文化遗产保护奖"优秀奖。

图1 平遥古城复原鸟瞰图

（3）示范经验

示范经验一：立足"整体保护"，以"点"为基础、"线"为纽带、"面"为突破。

平遥古城是最早提出"整体保护"的名城之一，保护内容包括护城河、城墙等完好的防御体系以及古城内各个历史阶段形成的商业、居住和生产街区。为达到"整体保护"的目标，平遥从"点""线""面"三个层次进行保护：在"点"的方面，对文物保护单位、古遗迹、历史建筑等进行抢修、复原，对传统民居进行修缮，保护历史文化遗存和建筑风貌完整；在"线"的方面，高度重视古城内街巷的保护，对南大街、西大街、衙门街、城隍庙街等重点街区，按照历史风貌进行了全面保护整治；在"面"的方面，为有效保护古城的景观天际线，平遥对建筑高度和风貌进行控制，拆除整治一批违法及风貌不协调建筑；同时下大力气对古城内的太阳能热水器、电视天线、空调室外机、燃煤锅炉、堆放杂物等进行了清理整治，使古城典型明清建筑格局与风貌得到更加完整的展现。

图2　南大街夜景

图3　城墙风貌

图4　北门城楼

示范经验二：以人为本，加强市政基础设施和公共服务设施建设，改善人居环境。

在"建设新城、保护古城"的理念下，平遥从1980年代开始大力疏解古城人口，通过行政机关、重要公共服务设施外迁带动新城发展，为古城保护腾出空间。从1998年开始，平遥古城在电线地埋的基础上，逐步将电信、移动、广电、供水、排水、消防、给水、雨污分流等其他综合管线进行地埋，投资2亿余元对古城内200条左右的中小街巷进行了硬化，管网全部下地，极大地改善了古城内部的景观风貌，降低了基础设施维修率。为满足古城内居民休闲和停车需要，配套建设了华林苑、火神庙停车场、上东门停车场等一批集休闲、生态、停车于一体的公共服务空间，丰富和提升了公共服务设施的类型和品质。

图5　平遥古城街巷

图6　平遥古城外停车设施

示范经验三: 文化传承发展与古城保护深度融合,拓宽历史建筑活化利用方向。

平遥古城蕴含着丰富的建筑、吏制、宗教、票号、民俗、饮食、民间艺术等文化内涵。对这些地方独有的文化符号,平遥在更深层次上进行了抢救、保护、传承与发展。

如赵大第故居宅院所在区域,自古就是平遥银匠聚集的区域,制作金银手工艺传承已久,现宅主刘兴东将宅院作为自营金银手工作坊,延续传承了历史手工业技术;平遥还将原柴油机厂改造设计为电影宫园区,成功打造了平遥国际电影展、平遥国际摄影大展、平遥中国年、平遥国际雕塑节等文化名片,拓宽历史建筑活化利用方向,更高层次提升了古城影响力。

通过文化传承发展与古城保护的深度融合,平遥不仅留住了古城的历史文脉,更让文化成为推动古城保护的动力源泉。

图7　赵大第故居

图8　平遥国际电影展张艺谋导演大师班论坛

示范经验四：研究机构、社会团体和媒体等多方参与，共谋共建古城。

在平遥古城文化价值、历史价值与社会知名度的影响下，许多社会研究机构、团体和高校在平遥古城开展了研究与志愿者活动。从最初申报国家历史文化名城到成为世界文化遗产，同济大学的研究团队和山西省城乡规划设计研究院的专业技术团队一直参与其中。在后来几十年的发展中，先后有西安建筑科技大学、北京工业大学、华中科技大学等高校和华夏遗产基金会等各种组织、机构积极参与到其文化挖掘、保护与研究中。此外，各类传统新闻媒体、新媒体都对古城新的动态进行长期报道与监督，极大地推动了地方管理部门的保护与实施工作。

图9　平遥城乡文化遗产
保护与发展国际工作坊

图10　平遥国际电影展杜琪峰导演
发言、平遥国际电影展开幕式现场

2 丽江历史文化名城

供稿单位：丽江市住房和城乡建设局、世界文化遗产丽江古城保护管理局
供稿人：和建南、方振兴、杜娟、和晓燕、和宝龙

专家点评

丽江历史文化名城较早开辟新区保护古城，控制古城与周围山体的景观视线通廊和建筑高度，古城的整体传统格局和历史风貌保护较好。针对历史城区街巷狭窄和基础设施不完善的问题，丽江采取变通的措施改善街区给水排水、燃气和消防等基础设施，为旅游发展奠定了很好的基础。

如何做好可持续的旅游管理，是丽江面对的主要问题。只有处理好游客与居民的关系，管控好历史城区周围的开发建设，保护好丽江与周围水系、农田、村庄之间的和谐关系，才能不减弱丽江世界文化遗产的价值。

图1 丽江古城鸟瞰图

（1）项目概况

区位：丽江位于云南省西北部，是纳西族聚居地，战国时期属秦国蜀郡，南北朝时期纳西族先民羌人迁至此，南宋时建城，元至清初为纳西族土司府所在地，后为丽江府治。丽江坝子海拔2400米，冬无严寒，夏无酷暑，四季温凉，干湿季分明。

资源概况：丽江古城是丽江历史文化名城的主体部分，古城始建于宋末元初，盛于明清，至今已有800多年历史。丽江于1986年被国务院公布为第二批国家历史文化名城。名城范围内有大研古城、束河、白沙3片省级历史文化街区，历史建筑92处，各级文物保护单位98处，其中全国重点文物保护单位9处、省级文物保护单位8处、市级文物保护单位19处、县（区）级文物保护单位62处。此外，尚未核定公布为文物保护单位的不可移动文物128处。

价值特色：丽江自唐、宋以来就是茶马古道上的政治、军事、经济、文化重镇，其基本传统格局未变，核心建筑依存，保存了历史的真实性，是我国保存完好的历史文化名城之一。丽江有着良好的人居环境和独特的纳西文化，是浓郁的地方民族特色与自然环境美妙结合的典范，具有特殊价值。多重功能造就了丽江独特的文化景观，良好的山水形态赋予了丽江独特的人居环境，历史上的多元文化角逐留下了众多类型丰富的历史文化遗迹，被誉为中国传统民族建筑艺术的精华。

实施内容：坚持依法依规治城，先后颁布施行《云南省丽江历史文化名城保护管理条例》《丽江纳西族自治县古城消防安全管理暂行办法》《大研古城区消防安全管理暂行办法》《风景名胜区丽江古城准营证》制度、《云南省丽江古城保护条例》《丽江古城施工队伍管理办法》《丽江古城消防安全管理办法》，编制了《丽江历史文化名城保护规划》《世界文化遗产丽江古城保护规划》《丽江古城震后恢复重建详细规划》《丽江古城中心地震后恢复重建规划》《丽江古城保护详细规划》，制定了《丽江古城传统民居保护维修手册》《丽江当代本土建筑设计导则》。

始终遵循"保护为主、抢救第一、合理利用、加强管理"的方针，着力在把握科学发展规律、创新保护理念、转变管理模式、开拓发展视野、丰富古城内涵上下功夫，在基础设施建设、管理体制改革、保护项目实施、民族文化保护、对外交流等方面投入大量的人力、物力和财力，探索出了一条科学保护与利用共赢的发展之路。

（2）实施成效

通过实施"五四三二一"工程，不断改善丽江古城基础设施和历史环境，拆除与古城风貌不协调建筑，保护了古城整体风貌。通过加大对古城非物质文化遗产的传承和保护力度，逐步建立了民族文化真实性保护体系，形成民族文化体验展示点29处。

实现了丽江古城的有效保护和旅游协调发展，建立了一个令人憧憬的民族珍稀文化图景，创立了科学、实用、可供世界遗产地借鉴共享的遗产保护管理经验，为丽江的"二次创业"和提质增效作出了积极贡献，在丽江市社会经济的协调发展中产生了深远影响，赢得了社会各界的高度赞誉和广泛好评。

图2　古城四方街

图3　古城新大街

图4　木府

图5　古城夜景

图6　科贡坊

（3）示范经验

示范经验一：持续性投入和改善丽江古城基础设施，提升人居环境品质。

新建和完善"五个系统"：新建古城排水排污系统，新建街巷照明系统，完善古城道路网系统，新建供水管网与消防系统，新建电力电信系统。工程实施有效保护了古城水系，改善了古城居民生活环境，消除火灾隐患。增加"四个设施"，即增加高标准的公共厕所和环卫设施、增加绿化用地、增加文化设施、增加旅游接待设施，以达到改善古城环境条件、提升古城功能结构的目的。改造"三条街道"：根据丽江古城作为"西南茶马古道重要商品集散地"的特点和古朴城市风貌，以"不改变文物原貌"为原则修缮改造四方街、七一街、新华街等主要街道，形成具有鲜明特点和一定规模、一定吸引力的传统商业街区。实现"两个降低"：通过拆除古城内部分影响古城景观、整体风貌的不协调建筑和建筑密度过大地区的危旧房，降低古城建筑密度和人口密度。达到"一个提高"：通过上述努力，提高了古城水体洁净度、环境清洁度，改善古城整体环境质量。

图7　三线入地工程实施前后

图9　厕所改造前后

图10　灯光亮化工程实施前后

图8　供配电网改造前后

图11　户内电力线路改造前后

示范经验二：迁出和拆除与古城风貌不协调建筑，保护整体风貌。

根据《丽江历史文化名城保护规划》和《世界文化遗产丽江古城保护规划》，地方政府加大古城保护工作力度，逐步迁出与古城保护和发展功能不符的单位，逐步拆除不协调建筑。从2003年至今，陆续迁出古城到周边的单位有丽江军分区、武警丽江支队、丽江市医院、丽江市委党校、税务局、广电局、食品公司、畜牧兽医站等十多家，拆除了黑白水大酒店等不协调建筑，实施了狮子山环境整治项目，建设了白龙文化园、玉河广场等供市民、游客的休闲和避难场所。

图12　玉河生态走廊建设1

图13　玉河生态走廊建设2

图14　玉河广场建设1

历史文化保护与传承示范案例（第一辑）

示范经验三：创新运用强大科技支撑，古城保护管理如虎添翼。

古城建筑多为木结构，消防安全尤其重要。为此，古城管理部门整合"人防""技防"手段，对消防栓水压、电线温度、漏电、消防力量配备等实时监测调度，给每家商铺都安装了烟感报警器，警报可通过手机APP发送给店主和社区消防安全员。通过对141个保护院落的信息采集，实现建筑物三维、二维信息集成，为遗产保护、监测和维修提供了科学的数据支撑。

智慧管理方面有大数据丽江古城综合管理指挥中心，智慧消防方面有丽江古城消防安全一体化安全管控系统，智慧创新方面有5G智慧商店、5G无人扫路车、5G无人巡逻车、零触碰智慧厕所等。

图15　玉河广场建设2

图16　古城南门环境风貌整治1

图17　古城南门环境风貌整治2

示范经验四：文物保护单位和历史建筑的活化利用成为民族文化展示传播示范窗口。

古城内民族文化体验展示点已达29处，形成了以"方国瑜故居""和志刚书斋""雪山书院""东巴纸坊""恒裕公"民居博物馆、"手道丽江""纳西人家""纳西象形文字绘画体验馆""王家庄基督教堂""顾彼得故居""红军长征过丽江指挥部纪念馆""丽江古城历史文化展示馆"等为代表的民族文化示范窗口和历史文化遗存，增加了游客文化体验的同时，营造了良好的人文环境。

图18　徐霞客纪念馆、银文化院落

图19　手道丽江民间手工艺术馆、三联书店

图20　纳西人家、雪山书院

示范经验五：开展多样化活动和志愿服务，打造系列文化活动与文化讲堂，增强了文化遗产保护的主人翁意识

2017年开始，为进一步推进丽江古城平安景区建设，更好地完成游客接待工作，保证优质的古城体验，开展了招募丽江古城志愿者活动。志愿者在丽江古城为游客提供旅游咨询、茶水供应、帮扶老人、游客疏导、卫生保洁、维护市容环境及游客安全、劝阻不文明行为、协助景区维护参观秩序、突发事件处置、便民服务、游客意见调查等志愿服务工作，并设立"有困难请找我"的流动服务点，为来丽江的游客提供优质的旅游体验服务。

面对现代文明对传统文化的不断影响和冲击，通过开办"丽江讲坛""大研文化讲堂"等活动，邀请专家、学者为本地居民、新丽江人、干部职工及来丽江的游客讲授丽江历史、民族文化、道德信仰等方面的知识，并形成长效机制，增强了保护文化遗产的主人翁意识，处理好文化保护与创新发展的关系。

图21　丽江古城志愿者、和美大研·浓情端午

图22　丽江讲坛

巍山历史文化名城

供稿单位： 巍山彝族回族自治县名城镇村及风景名胜区保护建设委员会
供稿人： 茶尚珍

专家点评 巍山历史文化名城重视制度建设和日常严格管理，1997年就颁布实施了《巍山彝族回族自治县历史文化名城保护管理条例》，不允许私搭乱建，确保了巍山古城整体历史风貌的真实完整。巍山县实行政府奖补政策，鼓励原住民居留，最大限度地延续原业态、留住原住民。积极出台古院落活化利用奖补办法，引导社会资本投入古民居保护和活化利用。

图1 巍山古城鸟瞰图

（1）项目概况

区位： 巍山彝族回族自治县（简称巍山县）位于云南省西部，大理白族自治州南部，是南诏国的发祥地和故都，是"一带一路"古代南方丝绸之路的重要枢纽。

资源概况： 巍山于1994年被国务院公布为第三批国家历史文化名城。巍山拥有中华彝族祭祖圣地、中国彝族打歌之乡、中国民间扎染艺术之乡、中国名小吃之乡等多项美誉。全县有不可移动文物280处，其中各级文物保护单位70处，有府城、卫城2个历史文化街区，16个传统村落，历史建筑65处，传统民居1500余处，非物质文化遗产保护名录89项，代表传承人110人。

价值特色： 距今600多年的巍山古城至今保存完好，城方如印，街巷分明，24条街、18条巷，纵横交错，完整保留了明清时期的棋盘式格局和风貌特色，街巷空间格局和大量的传统民居保存完好且规模成片，各种不同形式的建筑集中融会并存。

实施内容： 坚持"整体保护、严格管理、合理利用"的原则，将古城划分为核心保护区、风貌控制区和环境协调区，明确了区域差异化定位和功能。将文华中学、巍山一中、县人民医院、县城农贸市场、大牲畜和木材交易市场等搬迁至核心区外。建设南诏博物馆，恢复文庙、南诏镇古建筑群，并面向社会开放。以特色小镇创建为契机，成功打造小吃主题街区、扎染主题街区和古玩主题街区。依托"园林县城"和"美丽县城"建设项目，成功打造文化主题公园26个，创建园林庭院79户，最美庭院21户，实现"一街一景""一院一品"。实施了"智慧消防""智慧用电"项目，为6900院古建民居购买房屋火灾保险，抓实古城消防安全。

图2　巍山古城拱辰楼

（2）实施成效

通过修规立法，确保名城格局风貌真实完整。先后编制了《云南巍山中国历史文化名城保护规划》《巍山县城总体规划（2009—2030）》等规划，形成了指导县城发展和古城保护的规划体系。于1995年颁布实施《云南省巍山彝族回族自治县历史文化名城保护管理条例》，并先后完成了两轮修订，为新时期历史文化名城保护工作提供了有力的法治保障。2015年，设立巍山彝族回族自治县古城镇村及风景名胜区保护建设委员会，成立、充实了古城保护管理专职机构和队伍。

通过多措并举，推进名城修复提升。通过整体开发，拓展名城活化利用。注重古城区与开发区建设相衔接，积极出台古院落活化利用奖补办法，引导社会资本投入古民居保护和活化利用，赵进士故居、古城客栈、喜舍等一批特色民宿客栈遍地开花，"百院珍珑"初显成效。全面推进文献新区、文华山片区和菜秧河片区开发；南诏王宫旅游综合体、活力新城全面启动；菜秧河片区滨河游道、绿地公园、游客服务中心建成开放；万亩花海、城南游客服务区建设即将启动，名城发展后劲不断增强。

图3　巍山古城

　　　　　　　　　　　　　　　　　　　　　　　历史文化保护与传承示范案例（第一辑）

图4　恢复建成后的文庙航拍

图5　蒙阳公园

图6　护城河公园

图7　原文华中学搬迁后恢复南诏镇古建筑群

（3）示范经验

示范经验一：最大限度延续原住民和原业态，保留"形神兼备"活着的古城。

巍山县实行政府奖补政策，鼓励原住民居留存，最大限度地延续原业态、留住原住民，充分利用历史文化资源建成了巍山小吃街、扎染传统工艺、文博古玩3条主题街区，使得历史建筑活化利用更具有可持续性。同时巍山县编制《巍山传统民居修缮手册》，按照保存原材料、原工艺、原形制、原结构的"四保存"原则强化古建筑的修缮保护。通过邀请老居民回忆巍山的历史信息，讲好巍山故事，精准保留古城的历史文化符号和信息。调动社会力量，充分发挥古城社区的作用，党员带头认管古树名木，全面推行"街长制"，让古城居民自觉、自愿参与历史文化遗产保护利用工作。喝茶、下棋、养花、遛鸟的古城慢生活成为留居原住民常态的幸福生活。

图8　扎染主题街区

图9　古民居活化利用——精品民宿建成效果

示范经验二：古建认养让众多古建筑救下来，活起来。

针对古建筑修缮资金严重缺乏和活化利用率不高的实际情况，巍山县政府鼓励有经济实力又对历史建筑感兴趣的企业或社会人士，按要求对古建筑进行修缮、经营和管理。其在遵守"不改变原状"及"修旧如故"的原则下确定修缮方案，自筹资金完成修缮后，对古建筑拥有最多不超过20年的无偿使用权，房屋产权则归国家所有。目前，施家宅院、刘家宅院等十多处古建筑被就地认养，同时县政府指导认养企业或个人充分挖掘古建筑老宅的家规家训、优秀传统道德观念，打造符合巍山特色的传统院落，用于民宿客栈、特色餐饮、非遗传承、小型博物馆、民俗馆等特色文化项目，有效助推了全县旅游文化产业的发展。

图10　赵进士故居修缮活化利用前后对比图

示范经验三：实施拆临拆违拆高专项整治，提升古城风貌品质。

　　由于历史原因，在《巍山历史文化名城保护规划》和《巍山历史文化名城保护管理条例》尚未出台时，巍山古城核心区出现了各类临时建筑、超高建筑，严重影响了古城的整体风貌，破坏了古城古朴素雅的历史景观环境。为了根治古城中出现的这种顽疾，巍山县结合特色小镇创建和"美丽县城"的建设工作，制定了《巍山县实施县城拆临拆违拆高推进古城风貌整治工作方案》，对古城24条街道、18条巷开展风貌整治，先后完成了近2000户居民屋顶私搭乱建等的治理工作，拆除彩钢瓦、树脂瓦逾10万平方米，同时实施了线网入地工程和太阳能改造工程，净化古城空中环境，全面提升了巍山古城的质朴感和品质感，确保了巍山古城整体的历史风貌真实完整。

图11　古城"两违"整改前

图12　古城"两违"整改后

示范经验四：利用搬迁公共服务设施用地，建设文化服务设施。

　　例如将县人民医院建设为具有南诏历史文化特色，集文化遗产展示、收藏、学术交流、历史文化研究于一体的具有地方特色的综合性博物馆。原县人民医院位于巍山古城东北隅等觉寺（第七批全国重点文物保护单位）片区，为疏解古城核心区人口和产业压力，修复文物古建，展示千年南诏文化特色，2015年巍山县投资6363万元，完成了县人民医院搬迁和南诏博物馆的建设。南诏博物馆的建成开放，极大地丰富了当地人民群众的文化生活，带动了周边相关旅游产业发展，成为巍山对外宣传、文化交流、旅游接待的重要阵地和青少年爱国主义教育、社会科学普及教育的重要基地，有力地促进了巍山县文化大繁荣、大发展。

图13　古院落活化利用——蒙化老家庭院剧表演　　　图14　古院落活化利用——精品民宿客栈

图15　原县医院搬迁后修复建成南诏博物馆

4 青州历史文化名城

供稿单位： 青州古城管理委员会
供稿人： 赵春艳、周林燕

专家点评　青州虽然2013年才被国务院公布为国家历史文化名城，但在历史文化街区、历史建筑的保护修缮和居住环境的改善方面的理念和方法仍十分值得借鉴。青州古城在政府主导保护修缮街区外观的同时，积极改善街巷和院落内的基础设施，积极引导原居民参与到古城保护当中，形成了完善的古城管理制度，青州历史文化名城的传统文化得到很好的保护和传承。

图1　偶园提升保护工程鸟瞰效果图

（1）项目概况

区位： 青州市位于山东省中部，面积1569平方公里，人口约94万，是山东半岛蓝色经济区、山东半岛城市群副中心城市，地理位置优越，交通便利。胶济铁路和羊临铁路、济青高速公路和长深高速公路在境内交叉贯通，309国道穿境而过。

资源概况： 青州市2013年11月18日被国务院公布为国家历史文化名城。历史文化名城保护规划范围主要包括东阳古城、南阳古城和旗城，规划面积1153.78公顷。古城拥有北关、偶园、东关3个历史文化街区，核心保护范围共62.75公顷，有各级文物保护单位203处，历史建筑52处。

价值特色： 青州古城"三山联翠、双城对峙、一水中流"的山水城市空间特征十分突出，历史上先后拥有6座城池，包括广县城、广固城、东阳城、南阳城、东关圩子城、满洲旗城，传统公共空间格局保存较为完整。古城3片历史街区分属城厢的主要传统居住和商业街区，风貌较为完整连续，是山东历史最悠久、内涵最丰富、规模最大、保存最完整的传统州府城市。青州山水名胜与文物古迹众多，历经明清两代基本形成了以州府城池文化、旗城满族文化、回族文化、贤达文化、文人文化、宗教文化为主要特色的城市文化内涵。

实施内容： 青州古城保护与修复工程包括偶园历史文化街区市政道路改造、主要街道沿街立面整治、南门片区改造提升、重要历史建筑复建、偶园保护提升工程、东关和北关历史文化街区市政道路改造等，同时做好文化调研整理和专题博物馆布展建设。

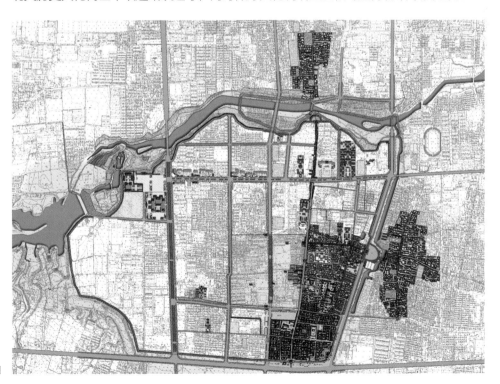

图2 规划总平面图

（2）实施成效

　　青州古城保护与修复工程自2012年启动，现已完成一期修复项目，目前开放区域面积为1.4平方公里。2018年5月《人民日报》微博将青州古城作为25个中国绝美古镇之一进行重点推荐。2019全国文旅融合发展大会上，青州古城景区荣获"最美中国文化旅游目的地"的称号。

　　2018年11月30日山东省第十三届人民代表大会常务委员会第七次会议批准《潍坊市青州古城保护条例》，使古城保护、管理、利用有法可依。

　　偶园历史文化街区主要街巷市政工程和沿街房屋立面整治完成后，街区风貌和生活环境得到极大改善，街区活力持续提升。同时引导居民发展特色旅游业态，参与古城保护，促进传统街区的可持续发展。

图3　青州古城北门街、南门大街整治

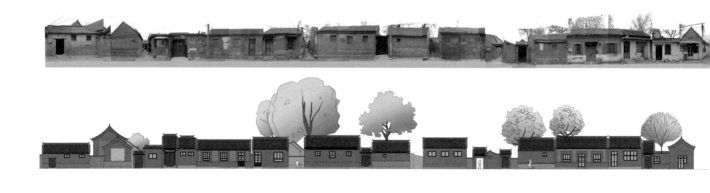

图4　青州古城南营街中段西侧整治前照片、整治效果图、整治设计图

参府街

南营街

图5　青州古城参府街、南营街整治对比

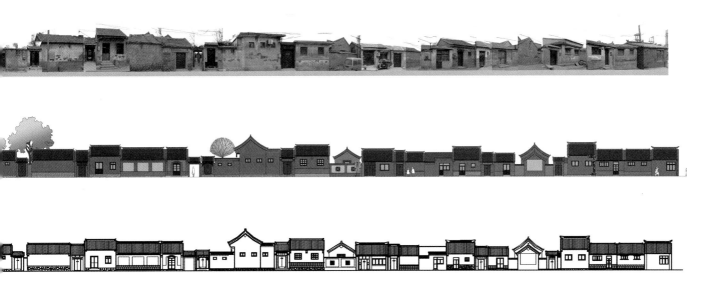

（3）示范经验

示范经验一：在延续并改善街区原住民生活的基础上，以老街区及城市文化的保护、保存、修复和发展为系统目标，使文化得以再生和永续发展。

保护修复工程启动之初就将街区居民作为文化保护和文化再生的重要力量，不以破坏原有生活形态与社会网络作为更新改造的代价。把文化调研作为重点工作，成立文化调研组，从建筑、风土人情、地域特点等方面深度挖掘青州古城文化特点，通过建设古城文化专题系列展馆，展示青州深厚的历史文化。组织民间艺人和非遗传承人进行民间艺术表演及非遗展演，让濒临灭绝的文化遗产实现活态传承。发展研学旅行，实现文化与旅游的深度融合。

图6　南门大街

图7　参府街

图8　非物质文化展演

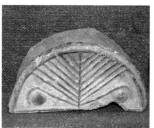

图9　青州传统建筑构件

示范经验二：项目以改善民生为出发点，以市政基础设施提升和环境改造为切入点，全面提升历史文化街区居住品质。

　　青州古城基本保留了明清以来的历史街巷格局，完整地反映了城市居民过去的生产生活、居住与环境的状态，是城市与居民共同拥有的宝贵财富。古城保护与修复项目一期工程对偶园历史文化街区主要道路进行了市政设施改造，改造长度超过5000米，提升了居住品质。环境的改善极大调动了居民的积极性，维修整治闲置的空房和危房进行重新利用，旱厕改造、支巷环境提升等项目也得到了居民的大力支持，街区环境得以全面提升。

图10　院落式民宿、茶社

示范经验三：更新街区功能，重塑共享空间，活化历史文化街区。

　　青州古城街区内部大多保留着传统民居的院落形式，街巷肌理完整。在对街区内建筑的拆除、开发、利用中，不因为旅游开发牺牲街区格局、环境及历史肌理，根据功能分区及旅游利用策略，对已经失去使用功能的破危建筑进行拆除，修建旅游公共设施；对遭到一定破坏，但是仍然保持一定特色的建筑，修缮后用于旅游接待；对保存较为完好的特色建筑，以"博物馆"的方式进行保护。

　　街区功能更新更加注重空间品质和活力的"逆生长"。通过空间重构、生活方式转变、环境品质提升等来活化历史文化街区，同时挖掘创造优秀的市民文化，加深对街区及整个城市的文化认同，让居民们产生对街区文化的自信、自强感。

图11　展馆利用

示范经验四：通过多种方式鼓励公众参与，在管理和服务中游客与居民并重，逐步探索适合青州古城的管理模式。

青州古城历史文化街区都有原住居民在其中生活，有其特有的文化。青州通过三种渠道来鼓励原住民参与古城保护：一是改善基础设施，通过人居环境的改善吸引居民在街区内生活；二是允许已成危房的房屋经规划许可后进行修缮和翻修，逐步改善居住条件；三是引导居民有效利用自有资产，发展精品民宿、体验作坊等旅游业态。

政府积极探索适合青州古城的管理模式，通过行为引导让游客及原住民尊重社会公共利益。通过对街区内申请修缮、翻修房屋进行严格的风貌控制，突出青州地域建筑特色。制定《青州古城牌匾等户外广告及雨棚等沿街设施设置标准》，严格控制街巷景观与古城风貌协调。对景区经营、交通、卫生等进行常态化规范管理，实现从"乱"到"治"的可喜转变。规范业态并突出文化内涵，防止过度商业化。积极参与旅游营销推介会，借助各级媒体对古城重大活动进行宣传报道，逐步提升古城影响力和知名度。

图12　旅游体验活动

第三章

历史文化街区类
示范案例

扬州市仁丰里历史文化街区

示范方向： 整体保护类、人居环境改善类、活化利用类、公共参与管理类

供稿单位： 扬州市住房和城乡建设局

供稿人： 刘泓、邱正锋、牛耕耘、高永青、张晶

专家点评　项目按照"小地块、渐进式、微更新、强文化、可持续"的思路，稳步推进街区保护、整治与利用工作，完整保护了历史信息载体与不同年代的记忆。坚持有序推进重点地区历史环境整治，提升市政工程设施水平，优化历史街区功能。秉承"以居住为主、文化旅游为辅，兼具商业、服务等配套功能的传统居住区"的发展定位，以文创产业为主导，深挖文化内涵，推动历史街区的活化利用。开展全过程公众参与，涉及征求意见和规划成果公示、房屋修缮、整治施工方案确定、施工队伍选择、施工材料购买、后续利用、经营等方面。

图1　毓贤街口袋公园

（1）项目概况

区位：仁丰里是江苏省扬州市明代旧城内唯一的历史街区，处于古城核心区，东至小秦淮河，西至迎春巷—史巷一线，南至曹李巷—公园桥，北至旧城七巷，街区面积12.07公顷，核心保护范围面积3.4公顷。

资源概况：街区整体建筑风貌保存完好，拥有省级、市级文物保护单位8处、历史建筑1处，传统风貌建筑128处，最闻名遐迩的是清代三朝阁老、一代名儒阮元家庙和六朝遗址旌忠寺。街区内街巷体系完整，遗有历史街巷9条，总长1280米。

价值特色：仁丰里历史文化街区有古老的城市空间肌理，明清时主要是官府驻地及官府要员居住区。主干道仁丰里长约700米，从空中俯瞰，街巷体系形状如鱼骨，仁丰里街就像是鱼脊，从鱼脊向两侧衍生出无数条支巷。这样规整、严谨的格局在历史长河中渐渐成形，延续至今，井然有序。小秦淮河景色体现了"小桥流水人家"的诗情画意。

实施内容：扬州市坚持以人为本、保护第一、传承中华文化、展示文化软实力的发展理念，按照"小地块、渐进式、微更新、强文化、可持续"的思路，先后制定《仁丰里历史文化街区保护规划》和《仁丰里综合整治规划》，将街区定位为"以居住为主、文化旅游为辅，兼具商业、服务等配套功能的传统居住区"。从2016年起，实施了仁丰里保护与利用一期工程，重点整治街区环境，提升市政公用设施配套水平，优化街区功能，推动历史街区的保护与活化利用。

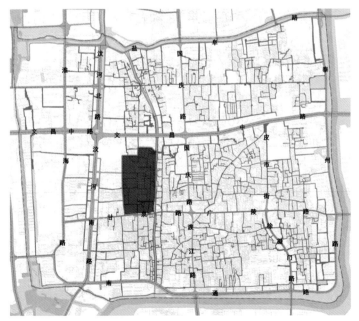

图2　街区在扬州明清老城区的位置

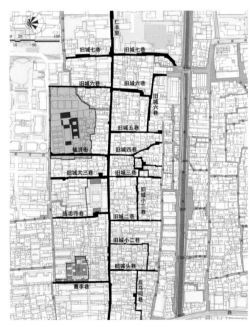

图3　仁丰里历史街区街巷体系图

（2）实施成效

整治提升街区环境。清理、淘汰老旧业态10余种，整治私搭乱建、私拉乱接、私放乱堆等乱象30余处，对少部分影响街区肌理的新建房屋实施局部退让，保持了街巷原有的空间尺度与格局。恢复传统的条石、青砖路面，实施强弱电杆线下地和供水、排水管道改造，延伸燃气管道和消防管网；设立1处微型消防站，沿河增设3处消防取水平台，为200多户居民免费更换老旧户内配电线路，消除安全隐患。

引导居民对沿线的风貌建筑按照"修旧如故"的要求进行修缮、整治。精心组织街巷公共空间整治，对包括老砖墙、老门楼和部分水泥饰面外墙、少量废弃的电线杆等留有老街发展历史信息的载体都予以保护，完整保留不同年代的记忆。用彩绘、垂直绿化等多种形式增添巷内景观，还原老巷生活场景，追寻古街市井气息。

积极发展文化创意产业，已建成入驻名人、名家、名师工作室28处，雕版印刷、古琴等非遗项目8处，文创项目5处，特色文化民宿9处，带动了街区的活化利用。

现状立面照

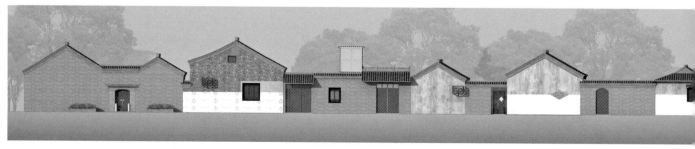

改造方案

图4　仁丰里街区整治规划——W6段立面图

图5　修缮后的毓贤街2-2号利用为"重构"民宿

图6　街头彩绘

图7　整治前、中、后的仁丰里街口

（3）示范经验

·整体保护示范·

示范经验一：在整体保护古城空间肌理和传统风貌的基础上，对局部小地块进行更新以形成老城自主更新的连锁效应，创造出有影响力、归属感和地域特色的文化及空间形态。

通过对"点"的保护，抛弃疾风暴雨式"大拆大建"的"房地产开发"，倡导"有机更生"，积极拓展"微空间"，尊重城市内在的秩序和规律，采取以小规模、渐进式、微更新的策略推动古城复兴。保护整体鱼骨状格局特色，保留不同年代的记忆，保存了古城风貌的真实性和整体性；结合住房解危解困工作，通过提供资金补贴、技术指导等手段，引导居民按照传统风貌要求修缮民居，切实改善原住民的居住条件，留住了原居民，延续老街古巷、市民市井的生活氛围，完整保留活化的历史。

图8 仁丰里69-1号民居外观修缮前后

图9 修缮后的仁丰里69-1号利用为"金木空间"建筑模型工作室与研学活动

· 人居环境改善示范 ·

示范经验二：因地制宜，打造适宜人居的公共环境和浓郁地方特色的传统居住区。

　　重点改善整个街区的滨河、院落、公共空间绿化，全面提升排水、供电、管道燃气等公用设施配套水平；确立了以公交优先、徒步出行等低碳交通方式为历史街区交通策略导向。鼓励街巷两侧发展传统商住混合功能，开设便利店、小吃店、公共食堂、24小时城市书房等传统社区小型商业和服务设施，引导居民自发开设小型民宿旅店，为社区增添发展活力。通过对闲置民居统一进行收储、置换和利用，有效整合零散的闲置资源，每年为仁丰里居民增加直接收益逾300万元，带动房产稳步升值，调动了居民的参与积极性，推动了历史街区的保护与利用。

图10　仁丰里20-1号"印象仁丰里"微型博物馆

图11　仁丰里24小时城市书房

图12　仁丰里51号奕间工坊传承雕版印刷技艺

图13　仁丰里52号"格桑花"作家工作室举办读书沙龙

· 活化利用示范 ·

示范经验三：深挖文化内涵，以文创产业为主导，推动历史街区的活化利用。

通过部分减免房屋租金和设立产业准入制门槛、文旅发展奖励资金等政策，鼓励居民和投资人发展特色民宿和雕版印刷、古琴传袭、剪纸、线装书和古建筑木模型制作、老照片收藏、文艺沙龙等文创产业，避免古城利用的过度商业化和同质化。利用收储用房改建仁丰里社区微型博物馆，新建4处口袋公园，丰富居民的业余文化生活。持续开展文化旅游推介活动，推动园林式民居向游客开放，组织诗词采风、诗词大赛，编印文学内刊，开展文创集市、专题微散文和诗歌征集等活动，通过文化展示打动人心、触动乡愁。

图14　仁丰里72号民居外观修缮前后

图15　仁丰里63号诗鱼书院线装书工作室　　　　图16　仁丰里83号永乐琴坊古琴技艺交流

· 公共参与和管理示范 ·

示范经验四：以基层组织为核心，探索建立公共参与街区管理的新模式。

由区政府负责整治规划的制定和市政基础设施建设，市级相关部门负责政策、技术指导，街道办事处负责整治项目的组织实施，居民或投资人负责业态确定、房屋修缮和经营项目的运营。公众对古城保护的参与程度不仅仅停留在征求意见和规划成果公示阶段，而是从房屋修缮施工方案的确定、施工队伍的选择、施工材料的购买到整个施工过程，乃至后续的利用、经营都是由居民自主决定，政府只是通过提供资金补贴、技术指导等手段对民居修缮加以引导。仁丰里保护与整治一期工程总投入4000多万元，政府只承担了其中近1200万元的市政基础设施建设和修缮补贴、管理等费用，社会资本的投入超过3000万元，避免了投资渠道单一、政府财政负担过重的问题。

充分发挥街道、社区在组织社会治理、公众参与方面的优势，有效解决了街区整治过程中产生的邻里关系、违章搭建、环境卫生等诸多矛盾和整治后的长效管理难题。组织入驻的居民和文创产业经营者建立街区创客联盟，让他们通过这一平台，积极参与到店标个性化方案设计、文创集市组织、文创空间整合发展等活动中，群策群力，实现历史文化街区的共同管理。

图17　仁丰里73号徐永珍非遗技艺工作室传承茶点制作

图18　仁丰里46号杖头木偶非遗工作室开展研学活动

图19　仁丰里历史街区居民、创客共同参与公共管理

图20　仁丰里文创集市

泉州市金鱼巷

示范方向： 整体保护类、人居环境改善类、公共参与管理类、工程技术创新类

供稿单位： 泉州古城保护发展工作协调组办公室

供稿人： 李伯群、黄志煌、蔡元为、苏志明、杨意赐

专家点评 金鱼巷微改造项目在维持原住民生活形态的前提下，坚持"微干扰、低冲击"的原则，以实现"见人、见物、见生活"的目标，以"绣花针功夫"优化街巷风貌，通过精细化布局改善居住环境。通过制定街巷管理办法和街巷公约，实现政府和居民共同管理、维护街巷环境的积极局面。在保证建筑安全性的前提下，探索了紧密排布市政管网布置方式，为古城背街小巷市政设施改造提供了可供参考的经验。

图1 金鱼巷实景

（1）案例概况

区位： 金鱼巷微改造项目位于福建省泉州市鲤城区府文庙西侧，与历史文化名街泉州中山中路正交，东至文庙泮宫口，西至壕沟墘，北距泉州酒店仅100米。全长约270米。巷口宽处10米，窄处2~3米，是一条以居民生活为主的街巷。

资源概况： 金鱼巷富有闽南传统街巷魅力，南邻罗城城壕，东与中山路、泮宫、府文庙节点串联起来。巷内有5座历史上的名流宿儒宅邸、3家闽南古早风味的美食、1处历史悠久的宗祠。泉州人民电影院也曾坐落在金鱼巷口，承载着当代泉州人的童年记忆。

价值特色： 北宋年间，福建都转运使谢仲规在此建宅，官至三品，受赠紫金鱼袋，后人在宅邸之上挂一"金鱼世第"匾额。相传自谢宅营建之后，此地名人辈出，冠盖相属，"金鱼巷"由此得名。名人故居直观展示着闽南红砖古厝的流光溢彩。20世纪，金鱼巷因坐落于巷内的人民影院成为泉州夜生活的地标之一。今天在金鱼巷既能直观感受泉州传统建筑技艺魅力，又能体会涌动着的文化生命力，还能品尝正宗的泉州美食，是一座浓缩体现泉州文化精粹的"大观园"。

实施内容： 在维护原住民生活形态和对现有社区文化低冲击的前提下，金鱼巷微改造工程主要内容包括立面提升、管线下地、地面铺装、夜景优化、绿化小品、城市家具布置等。其中项目利用约10万块清代和民国时期的胭脂砖、8000多块长1~2米的经多年踩踏而成的老石板，由经验丰富的工匠手工凿齐，石板底部采用"楔型垫石"垫平固定，改造约1700平方米，古建筑外立面整治约3000平方米。总投资约900万元。

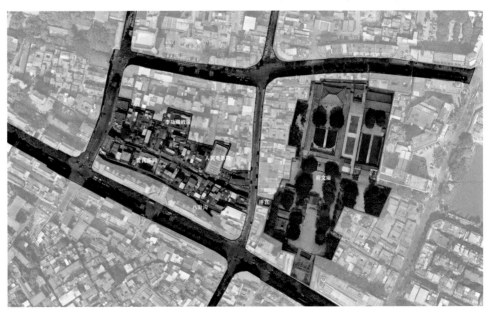

图2　区位图

（2）实施成效

2018年5月，泉州首个古城背街小巷微改造示范项目——金鱼巷竣工。借恢复街巷传统风貌的机会，挽救、重现多种闽南建造工艺。街区采用了包括海蛎壳水洗石、夯土墙、出砖入石等18种闽南古建筑传统工艺（构件），成功地还原了传统路面铺设方式，恢复了金鱼巷传统风貌。以"绣花针功夫"优化街巷空间，管线综合入地，实行雨污分流，地面设鱼形盖板线性排水沟，设计金鱼图样箱罩箱遮蔽处理裸露在建筑外的水电表箱，见缝插针地引入绿化，增设条石凳等休闲设施，改善了居住环境。

泉州老城手工艺、老字号、新生活方式在古巷共融共生。老居民仍在金鱼巷生活，柴米油盐，家长里短，烟火气和人情味依然，居民生活所需的业态仍旧保留。以收储租赁等方式整合金鱼巷内7间店铺，植入新业态：邀请国际咖啡品鉴师主理咖啡文化学院及培训基地、咖啡孵化基地，引领咖啡业态向中高端发展，培训更多咖啡人才温润古城；开设"润物无声"青年创客文化空间，供年轻人展示以古城为知识产权（简称：IP）的文创产品；"古城南音阁"至少每周4次公益演出，为周边居民和游客提供邂逅古老南音的空间。老的业态怡然自得，新的业态正编织着更多人的金鱼记忆。

图3　金鱼巷微改造前后对比图

（3）示范经验

· 整体保护示范 ·

示范经验一：保留不同历史阶段的空间，展示原住民真实生活状态。

项目以尊重历史的真实性为基础，通过调研收集街巷、建筑、人文历史，多次走访街巷原住民，准确梳理了金鱼巷的历史沿革及在不同历史阶段的价值地位。在微改造时去芜存菁，而不是一味复古，保留了从唐宋到民国乃至20世纪时的各个历史空间、建筑元素、环境要素，甚至是缠绕在破壁的绿榕也得以保留，恢复了金鱼巷最初的模样。曾经紧闭冷落的宅门渐次被打开，冷清的街巷再次变得市井热闹，走在金鱼巷，不仅可以看到拿着相机拍照打卡的游客，更可以看到街头邻里的老居民聊家常场景。

图4　金鱼巷实景照片

图5　金鱼巷生活照片

示范经验二：整体保护前提下，以"微创手术"的形式进行街区更新。

　　"微创手术"不是只对细枝末节的微小改造，而是通过低冲击、微干扰的方式达到"四两拨千斤"的效果。以"微"入手，凝聚闽南建筑工艺精华，对老建筑及地面的修复大量运用旧砖瓦和旧石板，运用传统工艺对部分传统夯土墙、出砖入石墙体进行修复；部分墙体恢复了海蛎壳的水洗石的风貌，这些"微"手法，在整个项目实施中，随处可见。巷子中有一处年久失修的围墙，仅做加固动作，未新增任何修饰，根据围墙两边现状性质做成具有新旧对比的泉州特色墙体展示窗，保留原有墙体的记忆，打造成金鱼巷的特色景点。

图6 "微创手术"效果照片

· 人居环境改善示范 ·

示范经验三：以找准街巷原住民对现代化生活的需求和保护历史文化的平衡点为前提，解决民生热点问题，增强原住民幸福感、获得感。

改造后的金鱼巷管线全部下地，实行雨污分流，石板路面上专门设计收集雨水的金鱼线性排水沟，地下增设污水管线，极大改善环境质量，又提升街巷文化品质；对供电、供水设施进行升级，实现供水供电质量、数量双提升，解决原本电力荷载能力不足问题；针对居民建筑裸露在外的水电表箱，统一用设计美观的箱罩、花箱进行遮蔽处理，既减少安全隐患，又进一步增强美观效果；在巷内的细微空间，见缝插针地引入绿化，种植紫竹、果树等多种观赏树种，利用传统石制马槽用来种植水生观赏植物，进一步丰富金鱼巷的绿化景观。

示范经验四：在不改变居民的生活形态，不让街区的生活陷入"昏迷"状态的前提下，做细做足群众工作。

在金鱼巷微改造前，项目组联合街道、社区组成入户工作小组，逐户与业主详细沟通改造事项；施工期间，工作小组每周召开工作例会，及时协调解决施工中碰到的群众问题；有些荒废传统风貌建筑，修缮成了难题，政府引导民间力量，通过以修代租的形式修缮房屋，既有效解决荒废老宅修缮难题，又保证传统风貌建筑得以完好保存。

图7 金鱼巷实景

示范经验五：在金鱼巷试点紧密排布市政管网布置方式，为古城背街小巷市政设施改造探索一条可复制推广的经验。

由于金鱼巷道路空间狭窄，宽度仅有3米左右，无法满足正常的雨污管道和电力通信管道的平行布置。因此，在保证建筑安全性的前提下，对巷内的管道布局采用了创新性的紧密布置。项目通过开挖一侧边沟作为排水沟，利用原有合流管道作为污水管，最大化利用现有管道，实现雨污分流。同时，在街道另一侧将电力和通信管道紧密布置，减少开挖面积，避免对房屋基础造成影响。

图8　金鱼巷路面施工和实景照片

·公共参与和管理示范·

示范经验六：试点实行"4+4"党员街巷长制模式，打通基层治理微循环。

实行"4+4"党员街巷长制模式，即通过4联，联结资源、联盟商户、联动共治、联合服务，实现商业"兴"、人气"旺"、管理"优"、生活"乐"的4个目标，打通基层治理微循环。2020年疫情期间，为解决商户燃眉之急，实施"古城党建+红色金融"项目，把金融助理纳入街巷长管理服务团队，为街巷业态发展提供金融支持，为19家商户办理相关金融业务118万元。建立"问题收集—分类呈报—处理解决—评议反馈"的问题处理机制，定期召开街巷议事会、问题反馈会等，有效推动问题解决。实行"党员街巷长制"以来，金鱼巷共收集问题41个，目前已解决38个，解决率92.7%。

图9　金鱼巷"巷长制"公示牌

图10　金鱼巷文创空间与青年文艺活动

图11　金鱼巷实景照片

上海市衡山路—复兴路历史文化风貌区

示范方向： 整体保护类、人居环境改善类、公共参与管理类

供稿单位： 上海市徐汇区规划和自然资源局、上海安墨吉建筑规划设计有限公司

供稿人： 彭海东、王潇、刘阳、王林、薛鸣华

专家点评 项目通过以"点、线、面"全系统、全方位的风貌保护、品质提升与文化传承，塑造了一批有文化意蕴且各具特色的连续城市空间，很好地呈现了多元丰富的海派文化特色风貌，实现"建筑可阅读，街道可漫步，公园可休憩，街区有温度"。在实践过程中建立了政府部门、社区居民和企事业单位等多方协调、共同沟通的机制，为上海城市有机更新、历史文脉传承和精细化设计管理贡献了徐汇样本。共同缔造社区平台，建设亲民型居委会，率先创建社区总规划师制度，使公众有效参与项目实施。

图1 岳阳路改造后街景图

（1）项目概况

区位： 衡山路—复兴路历史文化风貌区位于上海徐汇区内，总用地面积4.3平方公里，也是上海市中心城历史建筑和空间类型最丰富、风貌特色最为鲜明显著、人文底蕴的风貌区。

资源概况： 衡山路—复兴路历史文化风貌区区域内一类风貌保护道路共31条，优秀历史建筑231处，共1074幢，保留历史建筑1620幢，一般历史建筑2259幢，全国文物保护单位1处，市级文物保护单位15处。

价值特色： 衡山路—复兴路历史文化风貌区聚集了各国风格的花园洋房，世界各地独特居住建筑同时呈现在这一区域。这里代表着优秀的海派文化也承载着城市历史记忆，具有独特的人文价值和浓郁的文化魅力。

实施内容： 对于擅自"居改非"、无证照经营、违法搭建等开展了大规模集中整治。开展了历史建筑修缮工程、小区综合治理工程，结合道路风貌保护与景观品质提升工作，针对立面、平面、景观绿化等进行综合优化，同时对街区业态功能进行调整，激发街区文化活力。软治理方面，选定永嘉新村、上方花园等26个小区作为"物业一体化"先行先试示范点，逐步形成小区式、片区式、公寓式、街区式4类管理模式。

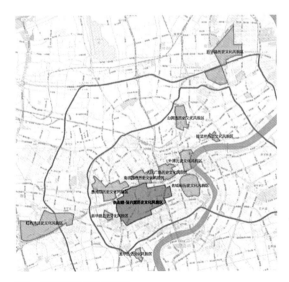

图2　徐汇衡复风貌区区位图

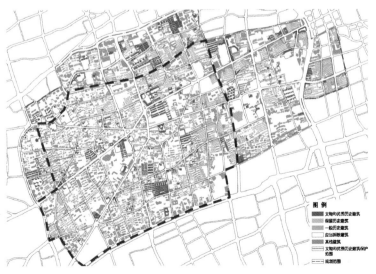

图3　徐汇衡复风貌区范围图

（2）实施成效

　　本着保护历史、延续风貌、改善民生、提升历史街区整体人居环境的目标和理念，通过持续不断地微设计、微更新、微治理，以及长期坚持的精细化管理，让风貌区内的保护建筑重新焕发光彩，以成片效应提升风貌区整体品质。工作受到了社会各界的广泛赞誉，实施成果受到专家、社会、人民群众的一致好评。

　　通过艺术活动为街区注入文化活力，提高设施使用率和公众参与度，推进黑石公寓、沪剧院等11个文化传承重点项目。增强区域特色，从多角度使风貌区的风貌特色与文化内涵得以充分展现。"以人为本"了解公众的意见与诉求，一大批里弄、小区旧貌换新颜，如高安路78弄、高邮路5弄、安福路255号等。

图4　夏衍旧居

图5　草婴书房

图6　衡复风貌区展示馆—修道院公寓

图7　永嘉新村公共厨房以及室外空间提升前、提升后照

（3）示范经验

·整体保护示范·

示范经验一：围绕"点、线、面"对风貌区进行整体保护、整治与提升。

"点"上通过精雕细琢，提升房屋安全与居住品质，并选取风貌建筑展现保护和延续街区文脉、记忆，软硬共治，内外兼修，围绕历史建筑、文化名人、社会精英等不同主题进行打造。

"线"上通过去粗存精，再现街区有序与整洁风貌。对风貌区内多条风貌保护道路的平面、立面及设施进行整治与景观品质提升，传承高品质生活的街道环境。

"面"上通过整体打造，提升小区整体环境品质和管理能级。在道路整治的同时，向小区延伸，围绕衡复风貌区精细化管理、架空线入地、历史建筑修缮等。

图8　永嘉路511号外部、内部提升前后

图9　岳阳路地面铺装提升前、提升后

· 人居环境改善示范 ·

示范经验二：由街道界面延伸至街区内，从内而外打造有温度的街区巷弄

从街面延伸至巷弄和社区内部，提升整体空间品质，改善人居环境。主要采取"微治理、微更新、微改造"的方式，兼顾实际使用需求的同时，保护并延续原有风貌特征，不断完善巷弄和社区内部环境，从内而外打造有温度的街区巷弄。

图10 社区环境整治前后

示范经验三：创建社区总规划师制度。

在全国率先创建社区总规划师制度，在实施过程中，通过社区总规划师制度，搭建与政府各部门、社区居民等多方共同协调、沟通达成共识，最大程度落实相关保护更新目标，并结合区域网格中心实现长久管控。社区总规划师制度为上海的城市更新、文脉传承和精细管理方面贡献了更多徐汇样本。

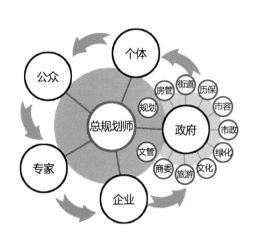
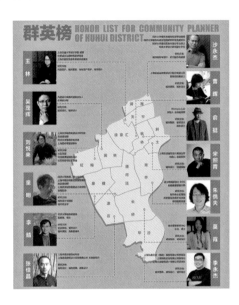

图11　社区总规划师机制图示

图12　淮海中路1632号提升前、提升后

图13　淮海中路1416号提升前、提升后

示范经验四：建立全周期导则指导与监督管控相结合的长效机制。

以"一栋一册"的精细化管理流程，以网格化、成体系、全过程的方式全面推进城市精细化管理工作；通过建立"一栋一图""一路一册"的城市精细化管理流程，对店招店牌、墙面、地面等十要素进行社区空间全生命周期的导则指导，并开展监督管控相结合的长效治理，力求打造历史街区城市精细化管理与社区共同缔造的长效机制。

示范经验五：坚持服务社区。

在街区的保护更新过程中坚持以百姓为核心的原则，加强小微街区公共空间、社区邻里中心以及环境空间的整治，过程中通过共同缔造开展社区文化活动，用文化点亮社区生活，通过多方共同参与，提升人民群众的获得感、幸福感。

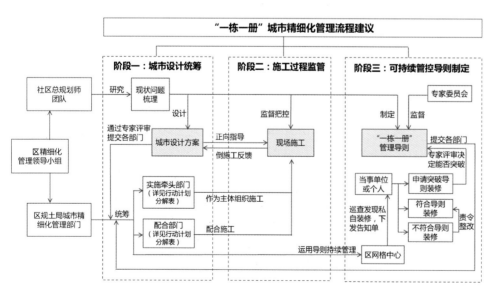

图14　淮海中路立面整治与设计细则、襄阳南路立面整治与设计细则、"一栋一册"城市精细化管理流程建议

现状问题：

二层居住界面门窗杂　一层商业界面店招位置杂乱，　一层门窗样式与主体建　建筑外立面现状空调外
乱，应统一样式和色　店招尺寸不一，店招文字品　筑不协调，应整体提升　机、管线等杂乱，应遮
彩。　　　　　　　质不佳，应整体优化设计。　门窗品质。　　　　　挡或梳理。

引导方案：

一层外墙恢复为米黄色抹面；　宜安装深红色雨棚，店招采　空调室外机加格栅，格栅色　二层及以上居住统一门窗，样
门窗样式如图示意，外框为暗　用为外挑箱体式，文字镂空　彩与背景墙体一致。　　　式如图示意，材质为木质或铝
红色哑光金属，玻璃增加分格。　置于箱体上。　　　　　　　　　　　　　　　　　合金。

图15　立面整治与设计细则示意

图16　永嘉路578号（乙）"来自法国的上海人"赉安洋行
建筑作品展

图17　夕阳红歌咏队活动

图18　岳阳路"闪回1912"海派文化秀

图19　"为风貌而设计"音乐周

北京市东四三条至八条历史文化街区

示范方向： 整体保护类、人居环境改善类、公共参与管理类

供稿单位： 北京市东城区人民政府东四街道办事处

供稿人： 贾君莹、赵幸

专家点评　街区完整保护了元代街巷整体格局及空间肌理，实施中贯彻"最小干预、可逆、可识别"的修复原则，使街区成为传统建筑营造基地和北京四合院建筑的活态博物馆。通过文物建筑和四合院等历史建筑保护修缮、胡同街巷风貌整治、小微绿色空间提升、文化传承与展示等手段，逐步改善提升老城历史街区内居民群众的生活环境条件，取得了古都风貌保护和人居环境品质提升双赢的目标。创新历史文化街区内的社会治理机制，建立并实施小巷管家、街巷长、网格员等制度，引导社区与居民参与历史街区的共建共治共享。

图1　东四四条街景

（1）案例概况

区位：东四三至八条历史文化街区位于北京市东城区，西至东四北大街、东至朝阳门北小街、北至东四十条、南至朝阳门内大街，总面积约65.7公顷。

资源概况：街区内现存不可移动文物18处，其中包含全国重点文物保护单位2处（孚王府、崇礼住宅）、市级文物保护单位1处、区级文物保护单位5处、尚未核定公布为文物保护单位的不可移动文物10处。同时，街区内有历史建筑5栋（座）、古树名木98株、名人旧居20处、宗教建筑5处、其他有历史文化意义的场所16处，亦发现有价值的各类形制门楼362处和含有价值构筑物的院落54处。此外，街区内亦拥有国家级非物质文化遗产1项和区级非物质文化遗产2项。

价值特色：东四三条至八条地区于2014年公布为第一批中国历史文化街区。街区成型于元大都时期，至今完整保持着元代寅宾坊街巷肌理，是典型的以传统四合院—胡同风貌为主的居住型历史街区，是北京老城中保留最完整、规模最大的胡同街坊，呈现了北京老城典型的院落与街坊生长模式。

实施内容：东四三条至八条历史文化街区保护更新项目的实施内容包括文物建筑和历史建筑修缮、胡同风貌整治、胡同停车治理、胡同小微绿色公共空间提升、院落公共空间提升、文化传承与展示等方面。

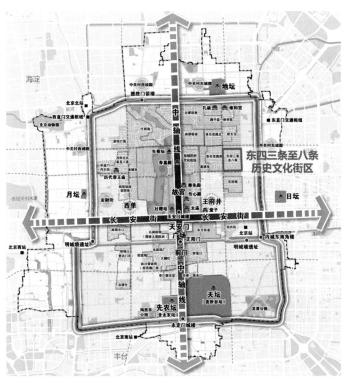

图2 东四三条至八条历史文化街区区位

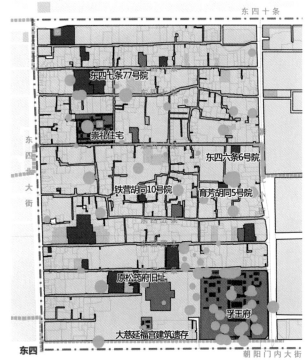

图3 东四三条至八条历史文化街区历史文化资源

（2）实施成效

东四三条至八条历史文化街区保护更新项目始终坚持"保护为主、抢救第一、合理利用、加强管理"原则，保护了老城棋盘式道路网的骨架和胡同格局，推进了老城的保护与复兴，实现了街区功能、业态、环境、治理水平和群众生活水平提升的"五个提升"。

近年来街区风貌保护与文化传承工作已成为北京历史文化名城保护工作中的亮点，先后获中央电视台、《人民日报》等主流媒体正面报道。东四四条胡同于2018年被评为"首都文明街巷"，被北京日报社评为"北京最美街巷"。东四六条43号"花友汇"被评为"东城区首家园艺驿站"。

图4　宝泉局东作厂整治前后对比

图5　恒昌瑞记整治前后对比

图6　东四胡同博物馆改造前后对比

（3）示范经验

·整体保护示范·

示范经验一：坚持贯彻规划先行系统观念，发挥专家、责任规划师作用，引领街区保护更新工作方向。

2000年，街区即编制了《东四三条至八条历史文化保护区保护规划》，明确了街区内历史文化遗产保护的刚性红线。2013年以来陆续开展的《东四三条至八条历史文化街区保护规划实施评估》《东四三条至八条历史文化街区保护与发展规划实施研究》《东四条三至八条历史文化街区风貌保护管控导则》等工作，为街区传统风貌的保护和历史建筑的修缮指出更具体的方向、路径和技术引导。2020年，《首都功能核心区控制性详细规划（街区层面）（2018—2035年）》的发布为街区保护工作的开展提供了法定依据。目前，街区内进一步启动编制《东四三条至八条历史文化街区保护更新规划实施计划》，以科学统筹落实核心区控制性详细规划的各项工作。

修缮工程中亦邀请古建筑、规划等领域的专家和北京市城市规划设计研究院、北京工业大学责任规划师现场指导、协助决策，保证项目高水平落地。

图7　责任规划师为居民文保志愿者现场讲解文物知识

图8　传统建筑砖雕修复

图9　古建筑修缮专家现场指导

图10　责任规划师指导保护更新项目

示范经验二：发扬"工匠精神"，营造传统建筑营造工艺的传承基地与四合院建筑活态博物馆。

近年来，街区提出"国风静巷"的发展定位和"静胡同·新生态"复兴理念，贯彻"最小干预、可逆、可识别"的修复原则，充分发扬"工匠精神"对历史建筑修旧如故，着力保护和传承东四地区以四合院为代表的北方民居建筑传统风貌。

胡同风貌修缮工程以传统门楼修复为重要抓手，正所谓"千金门楼四两屋"，对门楼木构架的主要构件、油饰彩画以及屋面、墙壁等进行古法修复，真实还原木门修缮的13道工序，精细保护细部构件，保留富有特色的古代文字、墙壁标语、老物件等历史痕迹，力争还原历史风貌，彰显传统建筑特色，营造天然的北方民居建筑活态博物馆。

整治前

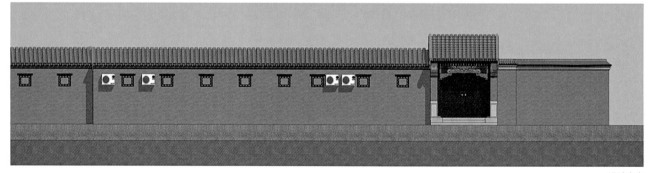

设计方案

整治后

图11　东四四条整治前后对比

·人居环境改善示范·

示范经验三：多途径营造胡同绿色微景观，建设生态宜居、人与自然和谐共生的历史文化街区。

街区在美化胡同环境的同时，打造既能承载老城味道与老城记忆又具活力的街巷空间，试图展现"天棚鱼缸石榴树"的胡同风情。几年来，街区内累计改造提升胡同微景观50余处，完成了18处口袋公园的改造提升工作，开拓绿化空间2124平方米。同时，街区充分发挥社区花友汇作用，鼓励居民对花池及花木进行认养，有效提升了街区宜居环境品质。

图12 "福禄巷"胡同微景观

图13 花友汇居民参与绿化活动

示范经验四：贯彻绿色出行和健康市政理念，推动安宁街区和生态街区建设。

街区内通过空间挖掘、停车自治、共享停车资源挖潜等方式，多措并举解决胡同停车问题。目前街区内已利用东四九条东口闲置空间补充了停车设施，实现东四九条胡同不停车。同时街区对24条胡同的飞线、乱线、废线进行了梳理，挪移门楼可视范围内电箱，完成安装门楼、门道太阳能壁灯、吊灯510套，进一步提升街区市政设施品质。

图14 胡同线缆梳理前后对比

图15 安装太阳能门道灯

· 公共参与和管理示范 ·

示范经验五：在历史街区保护中凝聚文化共识，推动多元力量参与历史文化保护、传承与发展

为充分挖掘展示街区历史文化内涵，凝聚当地居民与社会公众对街区价值与保护的共识，街区搭建了形式多样的社会参与平台，开展了丰富多彩的公众宣传活动。2018年由院落改造而成的东四胡同博物馆成为展现东四地区深厚老北京文化和历史底蕴的重要窗口。同时，街道建立东四街道青年街巷文化宣讲队和文保志愿者队伍、每季度开展"寻找东四胡同记忆"迷你马拉松，连续11年组织居民开展"报春"活动，策划"忆家训、谈家风、促和谐""家书慢邮""居民摄影展"等活动，编撰《东四历史文化记忆》《东四胡同日下传闻录》《东四名人》等书籍，全方位激发居民参与热情，提升文化自信，唤醒保护意识。

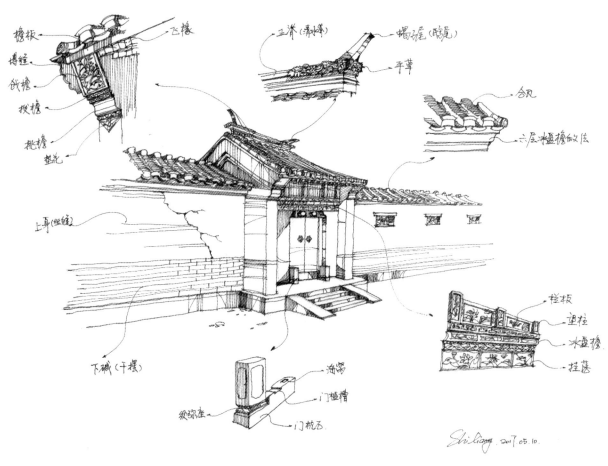

图16　细部做法草图

示范经验六：促进基层共治与空间营造有机结合，实现街区保护更新实施过程中的共建、共治、共享

近年来东四街区构建了"人人有责、人人尽责、人人享有"的社会治理共同体机制。2016年6月以来，街道已坚持组织超过210次"周末卫生大扫除"活动，提升公共空间环境，制定院落公约，在全市范围内起到良好的示范作用。街区内建立并实施小巷管家、街巷长、网格员等创新制度。街区内开展全过程公众参与的"美丽院落"试点项目，实现了社会多方在历史街区保护更新实施过程中的共建、共治、共享。

图17 东四胡同博物馆内的居民文化活动

图18 "报春"活动

图19 修复砖雕

图20 工匠向街区儿童讲解"一麻五灰"工艺

图21 党员带头开展周末卫生大扫除

图22 "美丽院落"改造居民参与式设计

苏州市平江历史文化街区

示范方向： 整体保护类、人居环境改善类、公共参与管理类
供稿单位： 古城保护示范工程（平江片区）指挥部
供稿人： 陆潼、殷铭

专家点评 平江历史街区是苏州古城迄今保存最典型、最完整的历史文化保护区。通过平江路沿线房屋修缮、道路管线以及河道驳岸整治，沿线技防监控、环卫设施、停车场等公共基础设施完善，取得了历史环境和人居环境的全面改善与提升。街区规模大，多年来坚持小微更新、多元主体共同参与街区保护与复兴，具有广泛的社会与专业影响力。在老宅活化利用方面建立制度性管理，建立业态风貌审核机制、争取产业扶持资金、实施不良业态退出机制等，保障长效良性的活化利用。

图1 平江河景观

（1）项目概况

区位：平江历史街区位于江苏省苏州古城东北隅，东起外环城河，西至临顿路，南起干将路，北至白塔东路，面积约为116.5公顷。

资源概况：平江历史街区范围内历史遗存丰富，名人故居众多。现存有世界文化遗产1处——"耦园"（内设中国世界遗产培训与研究中心），全国重点文物保护单位2处，省市级文物保护单位18处，控保建筑45处，以及普查新发现文物点70处，大量古桥、古井、古树、古牌坊散落其中。历史上明代状元申时行，清代状元、宰相潘世恩、吴廷琛，状元、外交家洪钧，近代国学大师顾颉刚，文学批评家郭绍虞，著名医师钱伯煊，电影评论家唐纳等许多文人雅士、达官贵人都曾生活于此。现存20余处名人故居中大多还有其后人居住。

价值特色：平江历史街区距今已有2500多年历史，是苏州古城迄今保存最典型、最完整的历史文化保护区，堪称苏州古城的缩影。街区现存的整体布局已历经千年之久，与宋代《平江图》基本一致，基本保持着"水陆并行、河街相邻"双棋盘格局以及"小桥流水、粉墙黛瓦"的江南水城风貌，积淀了深厚的文化底蕴，聚集了极为丰富的历史遗存和人文景观。

实施内容：2002年实施平江路风貌保护与环境整治先导试验性工程，进行平江路沿线房屋修缮，道路管线以及河道驳岸整治，沿线技防监控、环卫设施、停车场等公共基础设施完善。2011年，实施古建老宅修复工程，对历史街区范围内年久失修的文控保建筑进行保护修缮及活化利用。2017年启动古城保护示范工程，通过在平江片区核心区域实施古建老宅保护修缮、老旧住区改造、公共基础设施完善，进行片区整体保护。

图2　平江历史街区区位图

（2）实施成效

自2002年以来，平江历史街区分3个阶段，实现从以平江路街景改造为主线、古建老宅零星修复为补充，逐步拓展延伸至经济、建设、管理、民生等领域的成片整体保护与更新。

通过平江路风貌保护与环境整治先导试验性工程，完成平江路沿线约3万平方米建筑的整修，以及沿线道路、河道、驳岸、桥梁的修缮，将平江路打造成展示江南文化和苏式传统生活的窗口。古建老宅修复工程在前期实施平江路整治的基础上，对历史街区范围内年久失修的文控保建筑进行保护修缮，先后实施完成潘祖荫故居、潘世恩故居、卫道观、潘镒芬故居等古建老宅保护修缮，通过科学开发和"活态化"利用，成功打造探花府·花间堂酒店、苏州状元博物馆、姑苏小院等一批知名项目。平江片区古城保护示范区整体整治项目，将片区古城保护与城市更新相结合，实现了历史街区风貌的整体保护与老旧城区居住环境的整体提升。

图3　菉葭巷潘宅整治前后

图4　纽家巷口平江客栈整治前后

图5　平江路97号整治前后

图6　平江路白塔东路口整治前后

图7　平江路沿街整治前后

图8　潘祖荫故居修缮前后

（3）示范经验

·整体保护示范·

示范经验一：对历史街区的文物建筑修缮坚持修旧如旧的原则，完整地恢复其历史风貌。

文物建筑的修缮遵循苏州传统建筑的"营造法度"，不断探索修缮工艺，将原建筑内具有历史信息价值的所有可利用的建筑物件材料进行修缮后复原，切实体现了古建老宅的真实性。对普通传统民居的修缮利用创新工艺和原材料相结合的方式，提高结构强度、保温节能性能，使其更加符合现代居住和使用需求，但是在建筑的高度、体景、饰面材料以及色彩、尺度和比例上与街区整体环境相协调。

图9 大儒巷端善堂姑苏小院

图10 全晋会馆

图11 端善堂姑苏小院

历史文化保护与传承示范案例（第一辑）

·人居环境改善示范·

示范经验二：通过古建老宅保护修缮和老旧住区改造等项目，提升历史街区风貌、完善基础设施、改善居住环境。

平江历史街区位于老城区中心，建成年代较久，建筑密度高，整体环境杂乱。部分公房居民为增加居住面积，搭建了许多无证建筑，建筑长期缺乏维修养护，整体状况较差。为保护历史建筑，控制建筑密度，优化人口结构，对历史街区内的建筑按等级进行分类修缮和整治。对文物建筑和整体保存较好、保护价值较高的传统民居建筑按照"修旧如旧"的方式进行保护修缮，注重对原住民、特别是仍然有名人后代在居住的名人故居的保护，延续城市文脉。对历史街区的老旧小区、普通民居和零星楼，通过实施历史街区内老旧住区改造进行房屋修缮、道路改造、管线整治入地、绿化景观提升，同步进行公共基础设施完善。

图12　中张家巷29号

图13　华阳里小区改造后

示范经验三：通过历史街区河道实施清淤、沿河直排点整治、生态净水、背街水巷整治提升，改善历史街区河道水系。

作为苏州古城中保存最完整的区域，平江历史街区基本保持了苏州传统街巷"水陆并行、河街相邻"的双棋盘格局，河道也是平江历史街区的灵魂。为更好保护平江历史街区水系，在街区内实施了河道清淤、沿河直排点整治、生态净水、背街水巷整治提升等一系列工程，明显提升了河道水质及沿河景观风貌。2019年，中张家巷河道恢复工程竣工，成为苏州古城内恢复的第一条河道，该河连通了内外城河道水系，重现了"小桥流水""人家枕河"的优美意境。

图14　街区河道两侧景观

历史文化保护与传承示范案例（第一辑）

·公共参与和管理示范·

示范经验四：老旧住区的改造充分尊重居民意愿，征集群众建议，保证整治工作满足群众要求。

在老旧住区改造方案设计阶段，通过方案公示、居民座谈、意见征集表发放等多种方式，充分征求居民意见。实施过程中征集义务监督员、工程师参与现场监督，让居民群众全过程参与改造。

示范经验五：探索在开放式街区引入社会化物业企业参与长效管理。

古城区内的老旧片区因为环境复杂，基础条件差，管理难度高，传统模式都是由政府部门或基层街道进行管理。在平江历史街区通过引进市场化品牌物业服务企业，按照景区管理的标准，探索在开放式街区引进物业管理模式，实现片区的长效管理。依托网格化管理，建立"党建+物业"模式，实现开放式街区的社区综合治理。

图15　公共参与

天津市五大道历史文化街区

示范方向： 整体保护类、活化利用类、工程技术创新类

供稿单位： 天津市城市规划设计研究总院有限公司

供稿人： 朱雪梅、杨慧萌、谭旻筠、沈佶、肖卓

专家点评

天津五大道是目前我国保存良好、规模最大的近代居住街区规划范例。街区以保护规划为依据，通过对建筑、空间、肌理、环境等各类保护要素的精细保护，形成"点、线、面"三层次的全面保护体系。遵循"保护优先、修旧如旧、安全适用、合理利用"的原则，在尊重街区核心价值的基础上，注重对公共历史建筑的活化利用，最终塑造了以名人故居为典型代表，集中展示空间完整、安静优雅的历史文化街区风貌以及"天津小洋楼"建筑特色。针对建筑结构老化、外檐破损、设备落后等问题，在修复加固和功能提升方面进行了一系列的专题研究和技术攻关，选择了适宜的技术方法修缮、整修建筑，使原有真实的历史遗存和信息得以继承并延续。

图1 五大道历史文化街区鸟瞰图

（1）项目概况

区位：五大道历史文化街区位于天津市和平区与河西区交界处，其四至范围顺时针依次为：南京路、马场道、合肥道、九江路、浦口道、九龙路、绍兴道、桃源村大街、友谊北路、湛江路、41中学东侧围墙、津港路、马场道小学围墙、津河、西康路、成都道、昆明路、岳阳道、西安道、成都道，总面积191.7公顷。

资源概况：五大道历史文化街区内全国重点文物保护单位41处，天津市文物保护单位13处，和平区文物保护单位2处，尚未核定公布为文物保护单位的不可移动文物305处。天津市历史风貌建筑共计390幢。另有世界里、生牲里、民园西里、燕安里、小光明里、山益里、义生里、桂林里、鸿德里、永安里、安乐邨、大兴新村等300余条历史街巷。

价值特色：五大道历史文化街区是19世纪末20世纪初形成的英租界高级住宅区。规划布局为略带弯曲的方格路网，各种建筑风格的居住建筑和配套公共建筑形成了连续并富有变化的街巷空间，整体环境幽雅，配套设施完善，是"天津小洋楼"最集中的历史文化街区，也是天津市14个历史文化街区中核心保护范围最大、保存最完整的历史文化街区。作为20世纪初至20世纪中叶中国沿海开放城市高档居住建筑最集中的区域，集中体现了中国由传统封闭型社会向现代开放社会转变的轨迹，集中展示了近现代中国居住建筑、生活方式的演进历史，是不可多得的活化历史书，具有潜在的世界文化遗产价值。

图2　现状航拍

实施内容： 1999年启动了五大道风貌建筑区的综合整修，整修内容包括建筑整修、违章建筑拆除、私开门脸治理、商业网点调整、线网入地、道路整修、增建供热等管道、绿化、完善街道家具、广告牌匾治理等。2012年，《五大道历史文化街区保护规划》获得天津市政府批复，成为街区内进行各项建设活动、编制各类规划及设计的管理依据，保护规划对地块的用地性质、开发强度、建筑限高、建筑密度等进行管控，规范指导街区更新与活化利用。

（2）实施成效

经过多年的综合整治和活化利用，投入大量资金，拆除违章建筑4.55万平方米，整修街道17.1千米，补建绿化6.5万平方米，设置垃圾箱170个，整修电线26.4千米，增设集中供热管道，渐进式更新了多个居住街坊，综合整修使街区环境更有序，配套设施更完善。在保护规划的指导下，街区内的建筑、空间、肌理、环境等各类保护要素都得到了精细的保护，街区内错落有致的居住院落、舒适宜人的街道尺度、安静优雅的环境氛围均得以延续。通过山益里、庆王府、民园广场、先农大院、民园西里等重点项目的保护利用，解决了各类保护性建筑居民伙住、功能不全、安全性能差，街区公共配套设施不完善等问题。整修后的街坊设施完备、风貌特色突出，在功能业态上更适应时代发展和居民需求，为街区带来了新的活力。

《五大道历史文化街区保护规划》获得了2013年全国优秀城乡规划设计一等奖，凭借优秀的实践效果于2014年荣获"中国历史文化街区保护与创新典范"称号，并于2015年荣获"第十三届中国土木工程詹天佑奖"。

图3　修缮前后的先农大院

（3）示范经验

·整体保护示范·

示范经验一：坚持整体保护的原则，形成"点、线、面"三层次的全面保护体系，对历史文化资源应保尽保。

1994年编制了《五大道地区建设管理保护规划》，明确提出保护对象不仅仅是个体或群体建筑的结构与外表，而是包括院落、围墙、绿地等整体环境，这是第一次将五大道作为一个完整的历史地区提出保护、建设、管理的整体思路。2012年，《五大道历史文化街区保护规划》得到市政府批复，成为指导街区保护与更新的重要依据。规划确定了真实性、整体性、可持续性和分类保护的保护原则，在保护规划的指导下，历史文化街区中的各类保护性建筑、历史街道与街巷以及其他保护要素都得到了严格保护和管控，街区的历史风貌均得到较为完整的保留。

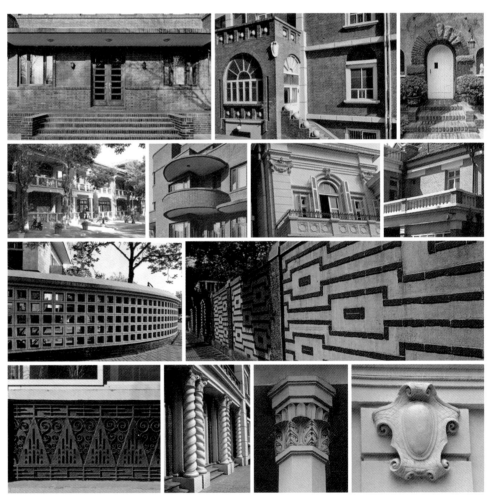

图4　五大道历史文化街区内建筑门、窗、围墙、细部等

示范经验二：保护与发展有机结合，在尊重街区核心价值的基础上进行更新改造，优化历史资源和人文要素的保护与传承。

保护规划中特别强调了历史文化街区的保护和更新活动是一个相互关联的整体，在规划的引导下，五大道历史文化街区在完善功能布局、优化街区环境品质和空间景观、提高保护性建筑的使用价值、组织丰富的社会参与活动等方面不断进行着尝试。比如位于五大道地区中心的大型公共空间——民园体育场，于2012年启动了保护利用更新改造工程。该工程保留了原体育场的主体建筑，并开发地下两层作为新的商业空间，此外保留400米标准跑道，原足球场改造为1万平方米中心绿地，两侧分别为下沉广场与交通空间。这个具有前瞻性的民生工程，使民园广场成功转型为五大道旅游景区的集散中心，也成了最受天津百姓欢迎的休闲与游憩目的地之一。越来越多的年轻人在这里聚集，新的故事在生长，生活方式和人文精神在持续、活跃地交流。

图5　更新改造后的民园广场

示范经验三：严格遵循"保护优先、修旧如故、安全适用、合理利用"原则，采用创新方法修缮、整修建筑，使原有真实的历史遗存和信息得以继承并延续。

在五大道历史文化街区的保护与利用过程中，针对建筑结构老化、外檐破损、设备落后等问题，在修复加固和功能提升方面进行了一系列的专题研究和技术攻关，并最终选择了最为适宜的技术手段进行整修。例如在庆王府整修工程中，通过多次外檐清洗技术的试验，选用了不同的方法分别针对不同的外墙问题进行处理，实现了外檐的统一协调，并呈现出略带沧桑感的自然效果。针对原始建材不足、建筑门窗节能指标不符合要求等问题，采取仿制原样式的中空玻璃木质高脚窗替换原有门窗的方式，同时充分利用旧有建筑材料及构件，既实现了提高节能性的整修目标，且最大限度节约了建筑材料。为了在历史风貌建筑中尽可能地保存砖木结构建筑体系，在整修中使用了碳纤维布加固技术对原有木结构进行加固，延长砖木结构的寿命。

此外，在小光明里修缮工程中设置的一体化密闭式污水提升装置，以及在先农一期项目中加装的国内外最先进的"火眼"视频图像火灾探测系统，都充分应用了既有的新技术。针对建筑墙体因长时间腐蚀、地下水浸泡等而导致的墙面斑驳和结构损坏的问题，更是引入欧洲权威机构的科研成果，自主创新研发了"微损防潮层化学修复方法"，获得了国家专利局的专利批复。

图6　墙面清洗前、后的庆王府

图7　庆王府采用的仿制的中空玻璃木质高脚窗、碳纤维布加固技术

7 抚州市文昌里历史文化街区

示范方向： 整体保护类、人居环境改善类、活化利用类
供稿单位： 抚州市文昌里历史文化街区管理委员会、中国城市规划设计研究院
供稿人： 徐驰、周秋兰、陶诗琦、赵子辰

专家点评

在街区保护修缮过程中，对所有建筑实行分类保护与整治，遵循"保持风貌特征、优化使用功能"的原则，尽可能多地保留有价值的建筑历史信息。该项目以批准的《文昌里历史文化街区保护规划》为基础，落实街区核心保护范围各项要求，实现传统风貌建筑、历史街巷格局与历史环境要素的整体保护。保护工程实践坚持"绣花更新"，从细节着手留住历史记忆，同时积极改善街区的人居环境。项目坚持"以保为核"，开展以特色研究为先导的科学保护修缮工作，从细节着手留住历史记忆，实施历史文化街区人居环境的"绣花更新"，通过将现代功能需求与历史空间结合、物质遗产与非物质文化遗产的保护相结合等方式，将项目打造成为抚州市富有活力的城市新名片。

图1　竹椅街修缮后的街巷空间

（1）项目概况

区位：文昌里位于江西省抚州城市东部，抚河东岸，古称"港东厢"，自古为抚河流域重要的商贸区。街区范围东至中洲堤，西濒抚河东岸，南接千金陂，北抵赣东大桥，总面积约65.56公顷，是目前江西省规模最大、保存最完整的历史文化街区。

资源概况：文昌里历史文化街区核心保护范围共16.9公顷，完整保留着为与抚河共生、与古码头紧密依存的"梳齿"状街区格局。街区历史文化遗存丰富，有全国重点文物保护单位1处，省级文物保护单位2处，市级文物保护单位24处，历史建筑45处，横街、直街、三角巷、东乡仓、官沟上、太平街、竹椅街等13条历史街巷，以及杨家塘、尧家塘、过家塘、戴湖、孝义港等历史水系。

价值特色：文昌里历史文化街区是我国著名戏曲家汤显祖的出生成长地、文学创作地和安息地，具有6条突出的历史文化价值，分别是：临川文化的重要传承地之一，汤显祖戏曲文化传承与发展的重要承载地，江西古代内河航运蕴育的滨河商贸街区的典型代表，以"商帮文化"为代表的赣闽商路重要节点，抚州古代农耕文明的重要见证地和抚州多元宗教与多元文化融合发展的活态展示馆。

实施内容：自2015年开始，抚州市委市政府在推进全市棚户区改造的过程中，高度重视城市历史文脉传承，响应广大群众呼声，听取各方专家意见，邀请中国城市规划设计研究院组织编制《文昌里历史文化街区保护规划》与《文昌里历史文化街区第一阶段重点项目深化设计》方案，举全市之力启动文昌里街区保护建设项目。2016年起，抚州市遵循"小规模、渐进式"的实施理念，围绕遗产保护、风貌与景观整治、人居环境综合提升三大重点领域，分阶段开展文昌里历史文化街区的保护更新实施工作，先后推动开展横街建筑修缮与整治、大公路两侧区域提升改造、河东滨河景观改造等重点工程。

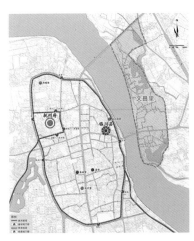

图2　街区区位图

图3　文昌里历史文化街区的历史格局（隋唐—宋元时期、明清—民国时期、新中国成立后）

（2）实施效果

在文昌里历史文化街区的实施过程中，坚持以保为核，严格落实遵循街区核心保护范围各项要求，实现各类建筑、历史格局与历史要素的整体保护；坚持"绣花更新"，从细节着手留住历史记忆、改善街区人居环境；坚持"以用促保"，开展一系列技术方法创新，将现代功能需求与历史空间结合；坚持文化引领，将物质遗产与非物质文化遗产的保护相结合，将文化作为促进抚州城市转型发展的重要抓手。4年以来，萧条破败的城市旧角落转变为富有活力的城市新名片，从衰败走向繁荣，由失落迈向复兴，增强了抚州人民的幸福感与获得感，成为留住乡愁的城市记忆之地。

图4　文昌里历史文化街区整体环境前后对比

图5　横街三角巷交叉口环境整治前后对比

（3）示范经验

· 整体保护示范 ·

示范经验一：以特色研究为先导分类开展建筑保护整治。

文昌里历史文化街区是滨河商贸型街区，传统建筑以木构架为主，实施前的建筑质量堪忧，如何科学开展保护修缮是其实施工作的难点。街区实施过程中，充分研究赣东传统建筑特点，回溯历史，总结形成街区内民居建筑"白檐花窗方正印，青砖灰瓦清水墙"、商业建筑"前店后坊进深长，木架缸瓦夹泥墙"的建筑特点，基于详细评估，形成六类建筑分类保护整治方式和三类建筑干预措施，对传统建筑进行科学保护修缮，并在街区有机更新的肌理织补中传承传统建筑特色。

图6 "白檐花窗方正印，青砖灰瓦清水墙"和"前店后坊进深长，木架缸瓦夹泥墙"的建筑特点

示范经验二：在保护修缮过程中实现传统材料与传统技艺的现代化传承。

在施工过程中，文昌里街区内的老建筑均被以数码照片、测绘等形式完整记录下来，用于指导后期修缮、更换构件等实施工作，对老构件的修复尽可能保护建筑构件细节。对街区内的老缸瓦、旧墙砖、老木架分类整理，进行清理、修补、防腐等现代化处理，确保材料性能。按建筑编号整理老材料，尽可能用在原有建筑中，做到原物原用。充分运用墩接、打牮拨正工艺等修缮技术。在修复过程中还通过传统工艺样板间试验等方式不断改进工艺，在施工现场设立传统工艺示范区，还原并创新抚州传统的夹泥墙工艺和缸瓦铺设工艺。

图7　修缮前后的横街100号传统建筑

图8　修缮前后的三角巷42号历史建筑—同丰泰国药店

图9　修缮前后的官沟上民居（今中国戏曲博物馆）

历史文化保护与传承示范案例（第一辑）

· 人居环境改善示范 ·

示范经验三：多途径营造小微空间，改善公共空间环境品质。

　　文昌里的保护工作与人居改善并行不悖，通过对公共空间环境、交通环境等多方面的提升，改善街区人居条件。在街区保护实施过程中，严格保护街区内的古树、古井等历史环境要素，合理恢复历史水系，并在其周边塑造形成精品的文化空间。整治传统街巷环境，优化道路体系，修复历史街巷的道路铺装，依托历史街巷保护，谋划尺度宜人的街巷体系。结合街区内不协调建筑的整治改造，整治院落内部和背街小巷等重点地区的环境品质，增加小型文化广场和小微公园。

图10　东乡仓路交叉口小型文化广场

图11　历史文化街区内的主题文化活动

示范经验四：构建文昌里街区内安全且有特点的基础设施服务体系。

针对历史街巷宽度不足的特点，应用"主街+背巷"的综合管廊设计技术。将石板路、边沟、暗渠等历史环境要素融入现代排水系统设计中，在沿街建筑前侧预留1.2米空间，用于保护街巷暗渠和协调建筑设施与街巷市政设施的衔接。

图12　街巷施工中照片

图13　环境整治后实景

图14　保护修缮后的背街小巷环境

图15　传统边沟融入现代排水系统

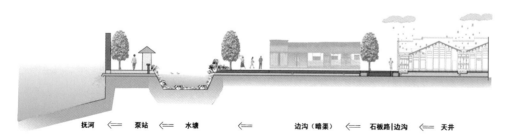

图16　基于传统智慧的横街片区雨水排放及收集模式

· 活化利用示范 ·

示范经验五：将物质遗产的活化利用与抚州市非物质文化遗产的保护展示相结合。

文昌里历史文化街区在保护物质文化遗产的同时，积极推动成为非物质文化遗产传承人和手工艺人对外展示的窗口，铁金银錾刻、临川竹篾、临川白浒窑等非物质文化遗产在街区内得到保护和展示，江西省首届文昌里非物质文化遗产展演展示活动等一系列大型文化活动在文昌里街区内举办。文化空间的复兴在现代语境中重现了当年文昌里商业街区历史上的繁荣。

示范经验六：以惠民文化活动为重点，多方位推动街区活化利用。

文昌里街区已经成为抚州博物馆密度最高的聚集地，玉隆万寿宫、中国戏曲博物馆、谢灵运纪念馆等充分传承抚州才子文化、传统手工艺和戏曲文化。其中，经过保护修缮的文物建筑"文林第"及周边历史建筑群，是国内首个国家级综合性戏曲主题博物馆聚落。此外，通过承接多种形式的文化活动宣传历史文化遗产，纪念莎士比亚、塞万提斯逝世400周年及汤显祖戏剧节等国际性文化交流活动等陆续在文昌里街区内举办，2018年江西省旅游发展大会主要活动在横街举办，进一步凝聚了抚州全社会对历史文化遗产保护的共识，取得较好的社会影响力。

图17　临川白浒窑、临川戏曲等非物质文化遗产在文昌里街区的展示工作

图18　玉隆万寿宫内外开展的戏曲文化活动

广州市恩宁路历史文化街区

示范方向： 人居环境改善类、活化利用类、工程技术创新类
供稿单位： 广州市规划和自然资源局
供稿人： 邓堪强、黎云、郑怀德、汪进、Benjamin Travis Wood

专家点评 项目通过规划、设计、施工、运营"四位一体"措施推动项目落地，完成了骑楼街修缮和建筑活化，倡导以"绣花功夫"推进微改造，实现了历史地区的有机更新。尊重地区多元产权结构与居民生活延续性的基础上，制定功能业态分区规划，鼓励建筑空间的多功能混合使用，实现空间资源集约节约、环境改善、产业提升、历史文化保护等综合效益。项目将信息采集、病理分析与修复材料工艺、适应性利用相结合，采取了建筑材料病理诊断、修复与监测等先进技术，为提高历史建成环境下的设计科学性提供了良好经验。

图1　恩宁涌一河两岸

（1）项目概况

区位： 恩宁路历史文化街区位于广东省广州市西关地区，其中恩宁路骑楼街诞生于1931年，被誉为"广州最美老街"。从2007年的广州市危破房连片改造试点到2017年被列入历史建筑保护利用国家试点，恩宁路一直是广州名城保护与城市更新的焦点地区，也是广州新一轮的文化地标，承载着广州人对名城保护与老城复兴的期望。

资源概况： 恩宁路历史文化街区保护范围总面积16.03公顷，其中核心保护范围5.38公顷，建设控制地带10.65公顷。区内保留有不可移动文物7处、历史建筑7处、传统风貌建筑5处、不可移动文化遗产保护线索31处以及640米长骑楼街、5条传统街巷及13条麻石街巷等物质文化遗产要素；国家级非遗项目（粤剧）、省级非遗项目（西关打铜工艺）传统节庆与民俗、传统手工艺和名人故居等非物质性要素。

价值特色： 恩宁路作为老西关地区的重要组成部分，是近代广州粤剧曲艺、武术医药、民间手工艺等传统文化传承最密切的地区之一。街区内遍布老街、深巷，保留传统西关生活景象，是满载西关情的活体博物街。

实施内容： 恩宁路历史文化街区房屋修缮活化利用项目是在保护规划的基础上，选取街区内实施条件充分的6.6公顷用地开展修建性详细规划深度的试点详细设计并编制实施方案，探索多元产权下历史文化街区的活化利用，成为广州市26片街区中首个开展实施方案的试点地区。具体内容包括总体城市设计、建筑修缮、建筑风貌工程设计、景观环境提升、道路交通优化、市政综合改造与综合防灾保障。

图2　街区区位图

（2）实施成效

本项目是广州西关老城复兴计划的示范项目，是政府转变旧城更新思路、创新实施路径的示范性样板。项目倡导以"绣花功夫"推进微改造，实现地区的有机更新，对旧城存量用地与建筑进行优化布局和再开发利用，对规划范围内约16万平方米的建筑物进行修缮改造。延续与改善地区居民生活，对空置物业注入新的业态功能；从人本关怀角度出发，强调街区的活态保护，对人口、经济、产业等物质要素和人文、历史、风俗等非物质要素进行系统的更新重塑，实现空间资源集约节约、环境改善、产业提升、历史文化保护等综合效益。

图3　鸟瞰效果图

图4　恩宁路北侧2009年实景、2018年整治前实景

图5 建筑细部

图6 夜景照明

2009年

2018年

（3）示范经验

·人居环境改善示范·

示范经验一：推进基础设施建设与建筑现代适用性改造，提高历史街区人居环境品质。

延续传统居住功能并改善环境，提升街区公共服务水平，维护在地居民的社会网络，突出"留人、留形、留神韵"，力求"见人、见物、见生活"。项目为约1263户原居住提供房屋置换、修缮等系列帮扶举措，提高当地居民的居住品质与老旧建筑的结构及消防安全等级，涉及私房修缮面积约9.75万平方米；新增约9000平方米的公共活动空间；对街区进行三线下地、雨污分流与四网融合市政改造，通过智慧消防系统解决历史城区消防问题；通过产业培育，促进地区新旧文化、各年龄层、各收入、居民与访客等多类人群混合的社会有机共生。

图7 滨河段改造前后对比

图8 示范段改造前后对比

图9 水闸广场改造前后对比

历史文化保护与传承示范案例（第一辑）

示范经验二：探索参与式设计方法的制度化实践，共享品质化街区环境。

首次在广州尝试"共同缔造"委员会工作机制，制定"共同缔造"工作方案，由政府代表、专业技术代表、社区社工、居民代表、商户代表、媒体代表等多方组成。通过社区工作坊、入户与居民现场沟通及主题座谈会形式开展广泛的公众参与，实现规划建设的多元主体协商，促进社区空间环境的共建共治。针对恩宁路骑楼街逐栋制作立面控制手册，通过入户访谈的方式积极与沿线商户沟通及讲解改造方案，结合商户需求制定个性化的骑楼改造方案。

图10　共同缔造现场

图11　骑楼立面控制手册

·活化利用示范·

示范经验三：构建多元产权结构与复杂土地模式下街区保护利用新模式。

　　针对地区复杂的历史情况，理清多元主体承担的角色与责任，构建"政府主导、企业运作、多方参与，利益共享"机制。通过BOT模式引入企业参与建设及运营，拓宽保护利用的资金渠道，解决国有历史用地盘活问题，实行所有权与经营权分离，通过国有历史用地出租，由政府解决前期用地的征迁、制定保护及利用的相关控制问题，企业出资对用地进行投资、建设、运营，解决了一般改造中只有物质空间改造，缺乏产业引导，无法实现自我供血，维持地方活力的问题。探索了现状多元产权结构与复杂土地模式下的街区保护与活化新路径，改变了一般土地财政的思维方式，盘活了国有资产，从一次性收益转变为长期收益，通过产业注入与提升，实现国有资产的增值保值，全面提升社会、经济与文化效益。预计项目整体完成后可为地区新增就业岗位1300个，间接带动经济收益400亿~700亿元。

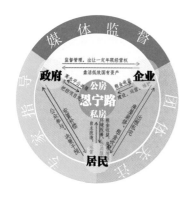

图12　恩宁路项目关系组织

图13　227~229号建筑

图14　街巷生活

图15　公共休憩空间

示范经验四：提炼地区文化特色价值，分区注入匹配的新功能业态，实现地区功能修补。

在政府层面制定功能业态分区规划与产业正负面清单，鼓励建筑空间的多功能混合使用。在实施阶段以企业的商业运营激发活力，业态以"文化引领、坚持传统与创新相结合、甄选高品质、做强夜经济"为规划原则，紧扣街区粤韵芳华、岭南匠艺的街区特色，目前已引入钟书阁、喜茶、Oliver Brown、华为生活馆、荔枝食集等品牌。2020年8月22日，广州首个非遗街区在永庆坊西区开街。永庆坊联合市、区文化部门，邀请10位国家、省市级非物质文化遗产传承人（广彩、广绣、醒狮、古琴等）合力打造"广州非遗街区"，传承焕新历史文化。在节假日还通过举办市集活动，打造广州市新的社会阶层人士中的自由职业人员聚集区，提供更多可以让他们实现自力更生、自谋生路的帮助与支持。

图16　街区特色概况

图17　"广州非遗街区"

图18　永记牛市市集

示范经验五：引入倾斜摄影和三维模拟技术，推敲设计方案与现状环境衔接，提高历史建成环境下的设计科学性。

针对恩宁路永庆坊复杂的历史建成环境，对16公顷的街区范围制作了精细化的数字模型，利用三维激光扫描技术和倾斜摄影技术，实现对街区的建构筑物，环境空间的全要素进行三维数字记录建档，在数字空间当中孪生街区实体和各保护要素，面向规划设计输出专业二维成果引导修缮更新，输出三维虚拟模型进行规划模拟和展示，推敲空间设计的最优方案。真正实现"绣花功夫"，精细管理对待街区遗产。

图19　2016年倾斜摄影影相、方案实景融入模拟

图20　恩宁路骑楼街三维点云模型图

示范经验六：采取建筑材料病理诊断、修复与监测前沿技术，为建筑修缮提供科学依据。

联合同济大学历史建筑保护实验中心，理论研究与修复保护应用技术研究同步。信息采集、病理分析与修复材料工艺、适应性利用相结合，在最小干预原有历史建筑的前提下根治现有病害，通过研究一系列新的材料与工艺，研究解决既有历史建筑空间利用问题。研究工作采用现场实录、观测、取样 → 室内试验分析 → 部分材料配方模拟试验的技术路线，通过研究建筑立面的构造层次、类型、特点等内容，为后期修缮工程提供科学真实的依据。

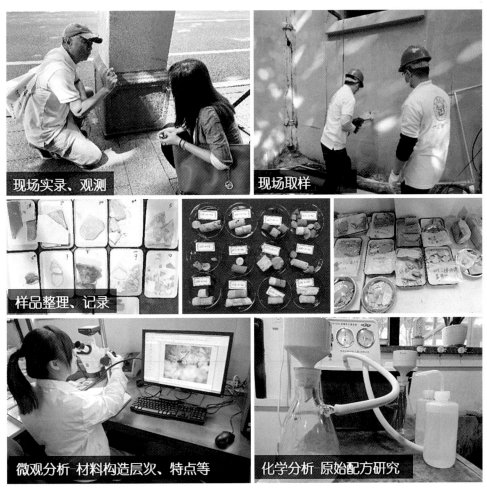

图21　建筑病理检测

重庆市磁器口历史文化街区

示范方向： 活化利用类示范、公共参与管理类示范、工程技术创新类示范

供稿单位： 重庆市规划和自然资源局

供稿人： 李和平、肖竞、肖文斌、张晴晴

专家点评　项目坚持规划引领，保护优先。通过恢复民风展示体验、推进文博场馆活化利用、细化"老三街"的产业布局，以千年古镇的保护与建设带动周边发展，并强调政府引导下的居民参与机制，促进保护成果惠及广大百姓。项目建设了智慧消防系统，对木质结构房屋安装了无线独立式光电感烟火灾探测报警器，重点文博场馆加装了组合式独立电气火灾探测报警器，街区还安装了无线手报装置，城市防洪按百年一遇的标准设防，并严格实行地质灾害整治，建立了综合网络性的防灾及消防规划。

图1　磁器口历史文化街区鸟瞰效果图

（1）项目概况

区位： 磁器口历史文化街区位于重庆市沙坪坝区西北部嘉陵江畔，距渝中区14千米，距沙坪坝区中心3千米。东临嘉陵江，南接沙坪坝，西界童家桥，北临石井坡。在嘉陵江滨江沿线，磁器口历史文化街区是重要的文化节点，是重庆滨江文化以及磁器口地域文化的核心载体。

资源概况： 磁器口历史文化街区研究范围内有1处市级文物保护单位、11处区级文物保护单位，3处未定级不可移动文物，2处历史建筑，672处传统风貌建筑，106处文化景观和川剧清唱、茶馆评书等巴渝民间艺术以及磁器口庙会、龙舟会等民俗活动。

价值特色： 磁器口历史文化街区受巴渝地域文化影响，具有完整自然山水格局与山地特征，其核心价值提炼为巴渝文化缩影、山水格局典范、水路商贸古镇、沙磁文化纪念地。

实施内容： 磁器口历史文化街区保护规划总面积为 109.4公顷，实施内容包括保护规划修编、重点建筑及街巷现状测绘、重点街巷立面修复设计、街区发展业态与保护利用模式研究、控制性详细规划调整方案与图则、土地及建筑权属调查、房屋自修缮风貌控制导则研究。

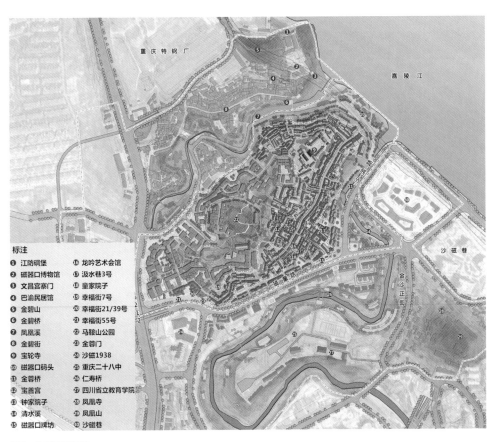

图2　总平面规划图

（2）实施成效

2019年底，重庆市磁器口历史文化街区保护与传承项目编制完成。项目与2000年审批通过的《磁器口历史文化街区保护规划与设计》（以下简称《2000年保护规划》）比较，规划范围由79公顷增加至109.4公顷。街区通过制定保护规划和片区策划进行规划，街区空间通过精细化设计进行人口集散、品质提升、街巷疏通和环境改善。在对街区正立面和山墙面传统立面样式梳理后进行立面整治。在设计过程中对环境进行整治，主要包括入口区域、重要节点及磁器口码头。

图3　磁器口历史文化街区实景鸟瞰图

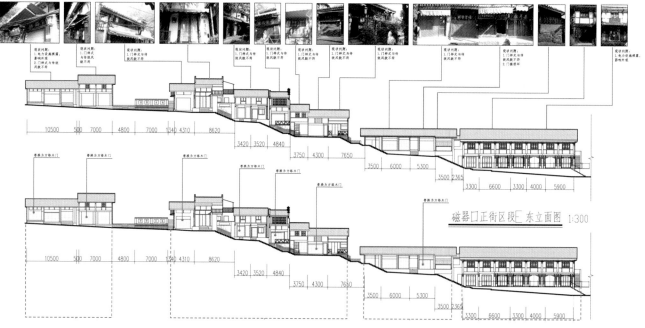

图4　磁器口正街区段立面整治图

（3）示范经验

·活化利用示范·

示范经验一：规划引领，保护优先。通过制定保护性规划和片区高水平策划进行方向性规划。

立足新时代发展背景，梳理自身价值，以历史价值提炼为基础，明确保护内容，对历史文化进行合理有效地传承和展示。契合街区发展目标融入区域产业发展格局，实现业态优化升级；以人为本，提升环境品质传承地方特色。落实保护要求，精细化管控，适应街区未来发展态势。

示范经验二：推进项目，提质扩容。大力推进街区周边重点项目建设，通过周边地块打造，完善街区功能设施。

在保护的前提下，增加规划规模，制定历史环境整治、人居环境改善、公共配套完善等规划策略。以社区服务中心、游客服务中心、派出所、卫生服务站、公厕等项目的建设完善街区公共设施。在道路交通方面，以磁童路、杨双路（童家桥正街）为城市主干路，沙滨路、凌云路为城市次干路构成区域车行道路体系，保留街区内部现有街巷步行道。通过步行和观光巴士与特钢厂、渣滓洞、白公馆、歌乐山进行联系。

图5　磁器口历史文化街区整治后实景鸟瞰图

示范经验三：挖掘文化，优化产业。包括恢复民风展示体验、推进文博场馆活化利用、细化"老三街"的产业布局、监管街区业态经营和装修等。

结合巴渝文化、山水文化、水路商贸文化、沙磁文化四大特征文化价值，梳理建构了历史文化展示、生态游憩体验、商服文旅消费、文创工坊孵育四大职能方向，结合相应价值载体分布对主导业态与功能区划进行匹配关联；根据各主题功能区价值定位差异，设定分区业态准入标准，依据标准初步策划各区详细业态内容；结合职能区划与业态现状分析，对磁正街、横街、幸福街、金碧街等街道临街店铺的业态功能进行结构调整与功能置换，引导近似业态集聚，丰富同类业态的多样性，形成特色鲜明的文化街巷。

图6 磁器口产业优化

· **公共参与和管理示范** ·

示范经验四：政府引导下的居民参与机制，多措并举，联合多部门治理街区环境。

调动居民积极性，使街区风貌保护成为全体居民的自觉行动，并制定保护管理导则及房屋自修缮风貌控制导则。针对磁器口历史文化街区核心保护范围、建设控制地带及环境协调区内的各级文物保护单位和历史建筑、街巷空间、建设活动控制、历史环境要素、原住居民保留、高度和风貌控制分别提出保护管理导则。对磁器口历史文化街区保护范围（核心保护范围和建设控制地带）内，除文物保护单位、未定级不可移动文物和D级危房外的建筑进行日常保养、轻微修缮、非轻微修缮和风貌整治，开展《磁器口历史文化街区房屋自修缮风貌控制导则》的制定工作。

· **工程技术创新示范** ·

示范经验五：动静态交通系统性结合，并创新性建立综合网络的防灾及消防规划。

结合地形条件设置车行系统和步行系统，规划在凤凰溪沿线布局一条消防通道，并与其余车行道路形成"大环套小环"的车行系统格局；保留街区内部现有街巷步行道，在此基础上，延伸幸福街至磁器口后街再连接至磁横街，形成一个完整的步行环线。

城市防洪按百年一遇的防洪标准设防，并严格实行地灾整治，建立了综合网络型的防灾及消防规划。为加强消防安全，在硬件方面，建设了智慧消防系统，对500余处木质结构房屋安装了1570个无线独立式光电感烟火灾探测报警器，重点文博场馆加装了16套组合式独立电气火灾探测报警器，街区还安装了36套无线手报装置。在软件方面，编制应急预案，每年开展公共安全突发事件综合应急演练；建立了古镇专职消防队加强消防队伍，24小时守护古镇；节假日期间整合全区公安、消防、执法以及社会力量严防拥挤踩踏，确保古镇安全。

图7　街道立面整治前后对比

拉萨市八廓街历史文化街区

示范方向： 整体保护类示范、人居环境改善类示范

供稿单位： 拉萨市自然资源局、拉萨市住房和城乡建设局

供稿人： 张兴尧、仁青江村、熊成鑫、李利杰、郭秦宾

专家点评 街区成立了八廓古城管委会，专门负责街区的保护工作，从保护规划到风貌整治对八廓街地区进行多层级、系统性地整体保护，并在工程实施项目方面，相继完成了八廓街街道立面改造整治、环境品质全面提升等保护整治工程。此项目特色显著、意义重大，其成功实践对拉萨老城的长远发展与稳定、文化遗产保护、民生改善、城市品质提升等方面起到了积极作用。

图1 卫星影像图

（1）项目概况

区位： 八廓街位于拉萨市中心城区中心，是西藏自治区人民政府公布的历史文化街区，是藏民族传统文化的典型聚落，也是世界文化遗产大昭寺所在地，特色显著、意义重大。街区范围北起林廓北路，南至江苏路，东靠林廓东路，西到朵森格路，以道路中心线为界，总面积133.9公顷，其中核心保护范围面积约78公顷。

资源概况： 街区内共有974栋居民大院，其中文物大院56栋。总户数9730户，其中公房产权4178户，私房产权5552户。街区共有全国重点文物保护单位8处、省级文物保护单位4处、市级文物保护单位53处、登记不可移动文物（未列级文物）61处，历史建筑57处，传统风貌建筑41处，同时还有众多的特色构筑物、古树木和丰富的非物质文化遗产。

价值特色： 街区内现存历史行政机构遗存、历史环境要素、宗教遗存、商业格局、历史商业建筑遗存、公共设施遗存、贵族大院遗存、拉萨藏式民居独特的街区肌理、空间环境、浓厚的藏式生活氛围、居民日常生活等。街区是藏汉融合、民族统一的见证地，多元交融的宗教聚落，藏民族传统商业文化的重要传承地，藏民族城市生活形态的活态展示馆，西藏近代化历程的先锋阵地，与自然和谐共生、与转经紧密结合的独特古城形制，拉萨非物质文化遗产与藏式建筑艺术传承的主要物质载体。

实施内容： 2012年，拉萨市政府成立八廓古城管委会，专门负责街区的保护工作，出台老城区保护条例，完成大昭寺周边环境整治、清政府驻藏大臣衙门旧址陈列馆修复等重大项目，对7条街区、56座古建大院进行特色风貌保护和保护性修复，对83栋有意愿搬迁的整栋居民大院（2301户、6827人）外迁，20项国家级和31项自治区级非物质文化遗产代表作得到有效传承。

图2 街巷风貌整治前、后的东孜苏路

（2）实施成效

规划实施成绩显著。2018年，原拉萨市规划局（现拉萨市自然资源局）委托中国城市规划设计研究院（本案例后简称"中规院"）对街区保护规划开展实施评估工作，评估结论主要为整体格局保存完好、基础设施得到显著改善、环境景观品质大幅提升、古城安防措施严密有序、文化遗产逐步活态利用、保护管理机制初步构建等方面。

严格保护，改善民生。重点开展古城申遗、文物的维修保护、房屋抗震加固、消防安全、水电气管网改造、环境整治等工作，完成大昭寺、小昭寺两处全国重点文物保护单位保护规划、古城区商业业态规划等。

拉萨市先后实施了老城区建筑风貌保护与建筑节能改造工程、城市亮化与街景改造工程等项目，这些项目秉承"西藏特色、拉萨特点"的设计理念，通过改造建筑的外墙、檐口、窗户、门饰、店招等形式，增加传统藏式构件符号，植入更多的藏族艺术文化，让城市景致别具风格、不拘一格，受到了国内外游客和广大市民的一致好评。

图3 保护与整治后的八廓街

（3）示范经验

·整体保护示范·

示范经验一：科学规划引领，跟踪伴随成长，30年持续开展保护理论探索与实践

自20世纪60年代开展城市总体规划编制工作以来，针对特色民族文化在不同时期产生的不同问题提出具体可行的保护和传承措施。为更好地保护好街区的整体风貌，市委市政府于1992年开始，先后三次委托中规院编制《八廓街历史文化街区保护规划》，以指导街区的保护工作。规划研究成果探索了从以文物为主的点状保护，到以街区建筑、环境要素的多层次保护，再到以人民为中心的可持续保护的技术方法，并在各个阶段结合街区的具体问题开展实施工程，进行理论实践。

图4　世界遗产区及缓冲区范围图

图5　保护与整治后的大昭寺广场全景

示范经验二：保护传统风貌，构建整体风貌营造技术管理体系，系统性实施风貌整治提升工程

为更好地保护和传承好拉萨城市特色风貌，拉萨市委、市政府委托中规院编制《拉萨历史文化名城保护规划》，研究制定《拉萨建筑风貌导则》，从规划编制、技术支撑和规划管理等全方位指导街区保护工作。

拉萨市成立了拉萨市城乡规划建设委员会，下设拉萨市建筑风貌专业委员会，邀请西藏自治区内外对拉萨建筑具有较高造诣的专家组成专业委员会专家组，坚持"政府组织、专家指导、部门合作、公众参与"的科学决策机制，充分发挥技术核心和审查指导作用，有效保证了城市风貌塑造的地域性、民族性和时代性。

针对古城主干道沿线和八廓街沿街的建筑外立面进行维护、修复，清理拆除与古城风貌不协调的瓷砖、卷帘门、防盗窗等现代建筑部件，按照传统材料和工艺对墙面、门窗彩绘进行修复。安装断桥铝窗户913扇，安装藏式木窗棂格1562扇、花架2100个、大红门122个。铺装青石板（磨石瓦板岩）11040平方米。设计安装特色路灯199个、壁灯903个、旅游导视标牌164个，以及规范各类标示标牌、环卫设施。

图6　唐蕃会盟碑和驻藏大臣衙门

图7　架空电线入地前、后街景

· 人居环境改善示范 ·

示范经验三：利民为民，优先改善街区基础设施，提升人居环境品质

以注重民生、利民为民为目标，通过对街区现有文物建筑内部设施的科学改造，以及基础设施的不断改善，实现街区保护与群众生活改善有机结合，努力走出一条通过历史文化名城保护实现科学发展、可持续发展的路子。其中，新建供水主管道1.2千米，改造修复供水管线7千米，疏通排污主管道29.43千米，清理污水井1965座，疏通雨水管9.3千米，清理雨水井4004座，居民群众在用水、用电、供暖、出行等基本生活条件方面得到极大改善，整体生活质量得到提升。

示范经验四：建章立制，形成长效管控机制，支撑拉萨保护管理的转型

为加强城市管理，拉萨市成立拉萨古城管理委员会，2013年施行首部《古城保护条例》，街区环境景观品质得到大幅提升。严把项目审批关，强化项目批后监管，确保历史文化街区得到有效保护。通过加强城市管理，流动商业搬迁整治、"第五立面"改造整治、环境小品精心设计等措施，进一步提升环境景观品质。

图8　保护与整治后的八廓街

11 北京市杨梅竹斜街

示范方向： 活化利用类、公共参与管理类

供稿单位： 北京市规划和自然资源委员会西城分局、大栅栏琉璃厂建设指挥部、大栅栏街道办事处、北京大栅栏投资有限责任公司

供稿人： 滑斌、王科、拿云、甄仓所、福剑

专家点评　项目从顶层设计、以人为本、生态环境、可持续发展、城市管理等城市更新5个核心要素入手，通过人口疏解及空间腾退、市政基础设施改造与环境提升、分类分级建筑改造、大栅栏更新计划、产业提升与资产利用、招商与品牌打造、在地文化织补与社区共建等多方位实践，形成从"面子"到"里子"的本真还原式环境改造路径，促进社区居民、规划师、建筑师、艺术家、商家等社会力量的参与和合作，并形成由政府指导、国企实施，以"大栅栏更新计划"为契机，践行有机更新的历史文化街区保护理念，形成杨梅竹斜街模式，创造性地探索出适合北京历史街区的更新计划。

图1　改造后的杨梅竹斜街

（1）项目概况

区位：杨梅竹斜街位于北京大栅栏西街斜街保护带北侧，是大栅栏商业街与琉璃厂东街的贯通线，也是区域中主干路延寿寺街与琉璃厂、大栅栏商业街贯通的核心区域。项目北起耀武胡同，南至大栅栏西街，西起延寿街、桐梓胡同，东至杨威胡同、煤市街，占地面积约8.8公顷。

资源概况：区域建筑形态丰富，涵盖明清、民国、近现代不同时期的居民及商贾建筑，混合并置，留下的不同的时代记忆，形成街内一大特色。同时，区域历史文化遗存丰富，包括名人故居、会馆、寺庙、挂牌四合院、知名书局等。

价值特色：杨梅竹斜街保护修缮项目所在的大栅栏片区已有近500年的历史，处在古老北京中心地段，是南中轴线的一个重要组成部分。杨梅竹斜街保护修缮项目因其独特斜街肌理、丰富的历史遗存，且与琉璃厂、大栅栏商业街有效贯通，成为2010年北京市发展改革委选取的探索创新老城改造新模式的4个试点项目之一，是北京建设历史文化名城、文化大发展大繁荣背景下探索历史文化街区保护与发展新模式的试点项目，是北京胡同文化古今交融的典范之一。

实施内容：杨梅竹斜街通过人口疏解及空间腾退、市政基础设施改造与环境提升、分类分级建筑改造、大栅栏更新计划、产业提升与资产利用、招商与品牌打造、在地文化织补与社区共建等多方位实践，推动大栅栏历史街区保护与更新工作。

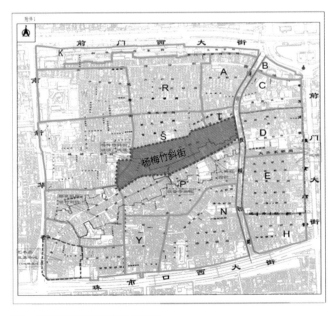

图2 杨梅竹斜街保护修缮项目范围图

图3 杨梅竹斜街街景

（2）实施成效

通过建立系统的规划机制和完善的顶层设计，提高对杨梅竹斜街保护修缮项目重视专业研究的重视，从城市更新的5个核心要素顶层设计、以人为本、生态环境、可持续发展、城市管理入手，引入街区诊断（都市针灸）、集群设计、人本监测、领航员计划、社区生态圈、城市触媒等专业的国际城市更新理论，找到理论与实践的重要结合点，进行在地化转译，创造性地探索适合北京历史街区的更新计划。

注重环境改造的本真还原，从"面子"到"里子"的循序渐进，面面俱到。建筑风貌修缮遵循对历史建筑的保护态度进行分级改造。通过精心设计、严格实施，15处历史建筑得到原汁原味的保护，25处重要风貌建筑立面得到原真性修缮，75%普通建筑立面按照不同建筑元素进行弹性设计与改造。市政基础设施建设工作，完成杨梅竹斜街道路工程、排水工程、燃气工程、电力及信息架空线入地工程、路灯工程、景观照明工程、绿化工程等。

通过有机更新、阶段推进的方式，根据项目实施主体参与程度的不同，将杨梅竹斜街街巷治理采用的有机更新模式分为3个阶段——试点示范、社区共建、全面发展。

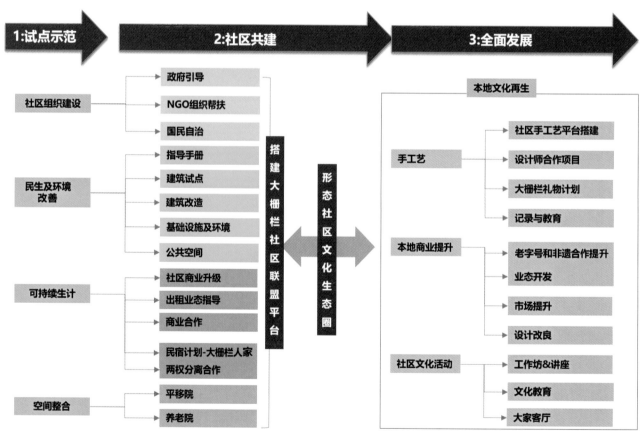

图4　街巷治理有机更新模式图

图5 改造前后对比

图6 胡同花草堂

图7 2014年改造后的
杨梅竹街景

（3）示范经验

·活化利用示范·

示范经验一：新老建筑有机融合，实现建筑共生

"建筑共生"是大栅栏片区城市微更新的最初表现内容与完成形式，基于在地居民生活最密切、最直接的生活条件与环境的改造与提升。新老建筑在同一空间维度内实现和谐对话与融合共生，探索在传统胡同的局限空间中创造可供多人居住的超小型社会住宅的可能性。

图8　新老建筑的空间融合与共生

图9　胡同老旧四合院的空间与功能的品质提升

示范经验二：调动居民参与胡同更新，促进居民共生

"居民共生"是片区内城市更新进入第二个阶段展开的建设更新模式与实际落地项目的综合展现，通过植入微型艺术馆和图书馆的空间和功能使"杂院"成为北京老城胡同与四合院有机更新的另一种形态。将居民生活社交活动需求作为导向进行系统分析、梳理、组织再造和呈现，街区新居民与在地居民从逐步建立认知、实现对话，最终融合形成有机街区共同体。

以增加胡同绿化为媒介，促进社区生活的品质改善、融合在地居民与教研团队的创新成果共建共享。

把活化利用胡同边角空间与居民公共活动空间需求相结合，把胡同环境提升与居民文艺活动进行有机融合，打造组织、功能、环境于一体的综合微更新体系。

以改善民生为背景，在大栅栏地区推行"老年友好社区宜居计划"。通过居家适老化环境改造，共享生活营造，探索生活在首都核心区的老年人的"幸福晚年"生活方式，为城市老龄化、城市更新与文化传承三者交织的复杂问题提出解决方案。

图10　为胡同居民提供品质公共文化活动空间

图11　公共空间的完善与提升

示范经验三：通过引入社会文化机构及社会团体参与街区建设，塑造优质的文化空间及体验空间，带动街区的文化氛围；通过制定严格的产业政策，有计划地进行产业升级与引导，保障街区产业特色。

老城保护与复兴由空间的改造提升经过社区公共空间培育发展进入到在地文化融合发展阶段。有效利用腾退空间、积极引入社会企业资源，为胡同街区创造品质文化活动空间，从"和谐宜居"与"文化创意"入手，引入非遗大师、特色文创品牌、设计师品牌、文创体验店、工作室等进驻，创建街区文化发展可持续、街区空间、地域文化等老城保护更新共生发展新模式。

智慧人本空间是从"共建、共享、智慧、人本"出发，为居民共建、成果共享、

图12　胡同会客厅

图13　2020年适老化居住

智慧营建、交流互动提供平台，成为北京胡同新故事和新文化的发声地，北京文化气韵的国际展示窗口，提升杨梅竹品牌影响力。

杨梅竹斜街76号杂院夹道作为"胡同花草堂"发源地，此次设计为夹道环境提升及院内建筑改造。修整建筑散水，更换地面铺砖，整理住户门前的储物空间，增加储物面积，并将储物空间上方设计成座椅方便居民使用，激发居民智慧自发种植植物，美化夹道空间。

图14　2017年社区公益图书馆

图15　2018年绿色微更新示范基地

图16　2020年智慧人本空间

示范经验四：搭建"共建、共享、共治"开放平台，集大众之智，从本地居民入手，通过社区营造等方式，共同推动街区有机更新。

在总结杨梅竹模式的基础上成立的一个开放的工作平台——大栅栏跨界中心平台，将其作为政府与市场的对接平台，通过与城市规划师、建筑师、艺术家、设计师以及商业家合作，探索并实践历史文化街区城市有机更新的新模式，拥有超过500家城市更新合作伙伴。

同时，通过深入居民，让居民融入在地建设，共同感受街区变化，推动了手工艺者之家、微杂院社区儿童教育中心、社区工作坊（大家工坊）建设。

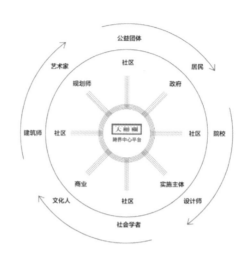

图17　大栅栏跨界中心平台模式图

图18　社区工作坊

示范经验五：参与影响力大和专业化程度高的品牌活动，让更多的有志之士加入到历史街区建设的工作中来，提升北京胡同文化世界影响力。

大栅栏和北京国际设计周的合作始于2011年，连续9年大栅栏杨梅竹区域均以规模大、参与多、影响力广、国际化程度高成为历年北京国际设计周最受欢迎的核心分会场，前后共举办800个展览以及上百场活动。

图19　居民积极参与各类生活节等活动，自发地参与街道美化和环境整治工作

图20　居民自制的景观装置作品参加了2016年第十五届威尼斯国际建筑双年展

12 杭州市桥西历史文化街区

示范方向： 活化利用类示范、公众参与管理类
供稿单位： 杭州市京杭运河（杭州段）综合保护中心
供稿人： 胡红文、陈江、沈旭炜、徐露晨、梁心韵

专家点评

通过保护工业遗存、重塑街区历史风貌、适度开发利用历史建筑、强调非遗的活态传承、突出主客共享型业态、培育开放型旅游目的地产业、创新回迁政策与管理体制等多方位实践，民生得到显著改善，推动桥西历史街区从棚户区到世界遗产高地的华丽蝶变。

在原有社区维护方面探索实践了"鼓励外迁、允许回迁、货币安置"的全新方式，将知情权、选择权与决策权还给百姓；邀请研究机构、新闻媒体、街道社区、民间组织等持续参与，就重大议题进行对话与合作。

图1 桥西历史街区老照片

（1）项目概况

区位： 杭州桥西历史街区位于浙江省杭州市拱墅区，东临京杭大运河主航道，南抵登云路，西达小河路，北与运河LOFT公园接壤。街区南北长约668米，东西宽约233米，占地7.83公顷，总建筑面积7.54万平方米。

资源概况： 始建于明崇祯四年（1631年）的拱宸桥，是京杭大运河最南端的地标。桥西历史街区位于拱宸桥西岸，2014年被列入大运河世界文化遗产点。现拥有全国重点文物保护单位2处，杭州市历史建筑3处，历史文化街区（历史地段）1处。

价值特色： 依托运河南北通津的优势，自明代以来，桥西人气逐渐集聚。1889年浙江最早的民族纺织业企业通益公纱厂选址桥西，成为我国近代民族工业的起源地之一。清光绪《拱宸桥竹枝词》记载当时盛况："高低电火十分明，一片机声闹不清。向晚女儿都放出，出檐汽管作驴鸣。"以纱厂工人为主的居住区形成，与之配套的七行八馆沿河筑店，车水马龙，被誉为"小上海"。

图2　区位图

图3　全国重点文物保护单位——拱宸桥

图4　全国重点文物保护单位——通益公纱厂旧址

实施内容： 围绕"还河于民、申报世遗、打造世界级旅游产品"三大目标，坚持"保护第一、生态优先、拓展旅游、以人为本、综合整治"五大理念，杭州于2002年启动实施运河综合保护工程。保护性利用工业遗存，新旧交融，集中活态传承"扇、伞、剪"三大国家级非遗及其他手工艺。保护历史风貌，保留空间肌理，延续集体记忆。实施原住民回迁政策，在全国类似旧城改造中属于首创。提升市政设施，改善居民环境，重点引导主客共享型业态，打造开放型旅游目的地，推进文旅融合，讲好中国故事。成立专职机构，首倡社会复合主体。桥西历史街区最终实现从棚户区到世界遗产高地的华丽蝶变。

（2）实施成效

民生福祉显著改善。由政府主导出资，为桥西百姓改善生活条件，棚户区挤、脏、乱、差面貌得以根除，兑现还河于民的承诺。由博物馆衍生文创、培训等现代服务业集群，直接带动本地人就业，增强街区自我造血能力。2014年李克强总理考察桥西，对街区保护工作给予了高度肯定。

助力大运河整体申遗。树立京杭大运河最南端地标的文化自觉，保护近代工业遗存和运河典型聚落，以非遗为特色的博物馆群成为运河申遗成功的点睛之笔。联合国教科文组织总干事伊琳娜·博科娃女士考察后题词："对工艺美术博物馆保护民间艺术和创造的优美传统，表示我的敬意！"。大运河申遗评估专家："活态遗产保护与整个区域结合紧密，市民共享举措让我很震撼！"2014年桥西成为大运河世界遗产点。

国际旅游目的地初显。博物馆群2013年开始接待游客以来，年均接待游客193.64万人。2012年京杭大运河杭州景区成功创建国家4A级景区。2016年成为G20杭州峰会境外媒体首条采风线路。2017年桥西摘得世界休闲组织国际创新奖桂冠。

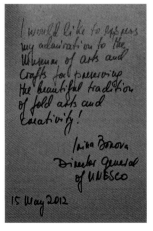

图5　联合国教科文组织总干事伊琳娜·博科娃女士参观工美馆群　　　图6　联合国教科文组织总干事伊琳娜·博科娃女士题词

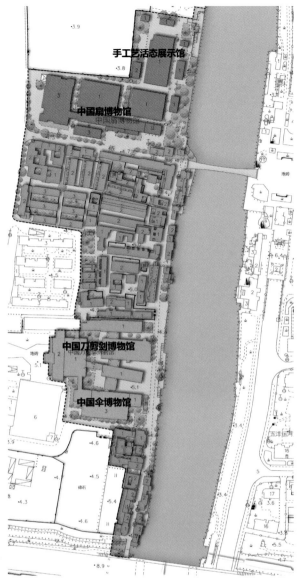

图7　博物馆群分布与保护情况

（3）示范经验

·活化利用类示范·

示范经验一：保护工业遗存，活态传承非遗。

一是保护工业遗存。遵循"保护第一"的理念，对历史建筑、特色空间和景观元素进行科学保护；对年久失修、构建破坏明显且具有价值的建筑保留原状特征，修旧如故；对原建筑分散的空间布局进行整合，为满足博物馆新功能要求进行适量加建；利用工业遗存，将老建筑作为主展览用房，新建筑作为辅助服务用房，新旧交融，合理布局。二是集中活态传承非遗。引入张小泉剪刀、王星记扇业和西湖绸伞等国家级非物质文化遗产，打造中国刀剪剑、扇、伞三大博物馆。引入生活型手工技艺项目，打造手工艺活态展示馆，集中展示，活态传承，有效改善非遗单体散、小、弱的生存环境。保护后的博物馆群总建筑2.97万平方米，规模创全国之最。

图8　杭州市土特产有限公司桥西仓库建筑

示范经验二：推进文旅融合，营造美好生活。

重点引导主客共享型业态，推进文旅融合。一是培育生活型业态。引入国医国药、书院书店、艺术培训、精品民宿等生活型业态，复兴"方回春堂"等老字号，既方便本地居民，又吸引外地游客。二是打造开放型旅游目的地。依托桥、厂、馆、街等资源要素，推出世界遗产观光、博物馆研学、非遗手工体验、运河夜游四大旅游产品，打造"不设围墙的旅游景区"。三是举办品牌性节庆。举办运河庙会、宣传周、京杭对话、国际诗歌节等活动。以文促旅、以旅彰文，讲好中国故事。

图9　明清及近代工业厂房逐渐成为当地文化旅游的重要空间载体

图10　大运河国医馆　　　　　　　　　图11　特色文旅街巷

图12　对历史建筑、特色空间和景观元素进行科学保护　　图13　对仓库建筑山墙面结构进行加固

· 公共参与管理类示范 ·

示范经验三：创新回迁政策，改善居住环境。

一是实施原住民回迁。有别于强制居民外迁的一般做法，桥西探索实践了"鼓励外迁、允许回迁、货币安置"的全新方式，将知情权、选择权与决策权还给百姓，在全国类似旧城改造中属于首创。在998户原住民中最终有285户选择回迁。二是改善居民环境。每家每户均新置厨卫设施，自来水及排污水、电力、电信、电视电缆等市政设施。清除原来不协调的厕所、垃圾站，按历史风貌统一设计增置。回迁户均面积达到66.27平方米，为改造前合法户均面积的2.38倍，居住环境得到大幅改善。

示范经验四：创新体制机制，提供坚实保障

桥西综合保护离不开体制机制的坚实保障。一是成立专职机构。2007年成立市运河综合保护委员会与运河集团，实行"两块牌子、一套班子"。前者行使行政职能，后者提供市场平台。二是资金自求平衡。按照"统一领导、市区联动，政府主导、市场运作，坚持标准、自求平衡"方针，桥西综合保护工程在3年内累计投入资金11.28亿元，均来自运河周边企业搬迁后的土地市场拍卖收入。政府不把短期内的资金平衡作为主要考虑。三是首倡复合主体。邀请研究机构、新闻媒体、街道社区、民间组织等，就重大议题进行对话与合作，首倡杭州运河"社会复合主体"模式，为国家治理体系和治理能力现代化建设提供鲜活案例。

图14　2014年举办中国大运河庙会

图15　桥西历史街区成为G20杭州峰会境外媒体首条采风线路

13 南京市秦淮区小西湖（大油坊巷）历史风貌区

示范方向： 人居环境改善类示范、公共参与管理类

供稿单位： 南京历史城区保护建设集团有限责任公司、南京市规划和自然资源局

供稿人： 吕晓宁、韩冬青、李建波、曹晓元、黄洁

专家点评　项目在建筑遗产保护修缮、市政管网整理、街巷环境提升、参与性设计建设等环节中坚持创新性探索，在传统居住保护更新中采用新结构新材料，增设厨房卫生间，改善了历史地段的人居环境。在改造过程中，采取自愿、渐进的搬迁政策，充分尊重民意，建立多元主体参与的多方协商平台；对于产权关系复杂的院落，创新性地采取平移安置住房、共生院、共享院、共建院等多种模式；研究出台修缮导则，鼓励自有产权居民参与更新改造。

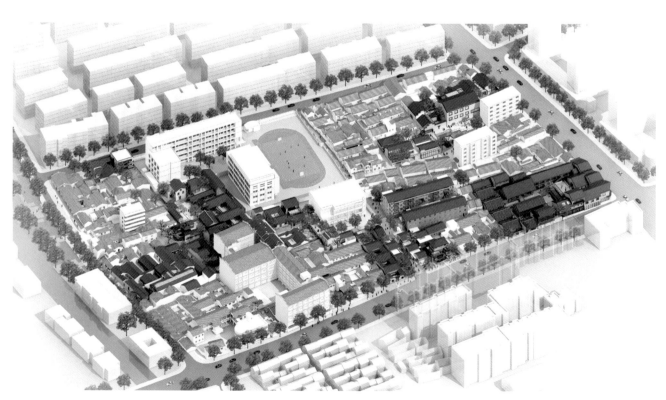

图1　南京小西湖（大油坊巷）历史风貌区一期鸟瞰效果图

（1）项目概况

区位： 南京市秦淮区小西湖（大油坊巷）历史风貌区的保护与再生项目位于江苏省南京老城南东部，西侧紧邻内秦淮河，是南京老城22个历史风貌区之一。地块占地4.69公顷，东至箍桶巷，南临马道街，西至大油坊巷，北接小西湖路。

资源概况： 南京小西湖（大油坊巷）历史风貌区范围内留存历史街巷7条、区级文物保护单位2处、历史建筑7处、传统院落30余处。

价值特色： 南京小西湖是南京为数不多比较完整保留明清风貌特征的居住型街区之一，是老城传统生活延续的重要片区。

实施内容： 为了推进街区保护与再生，通过建立整体覆盖的保护体系的方式，覆盖了街区内街巷网络、院落肌理、历史要素3个方面；采取了张弛有度的规划方法，支撑了部分小尺度、渐进式、合作共赢的可持续的改造项目；通过制定因地制宜的设计策略，完成了多户"一户一册"的改造设计示范，创建了"微型管廊"技术；通过建立动态有序的参与机制，结合调查研究、政策制定、规划设计、控制引导、市场运作等方式，创建了多元互动的合作模式。

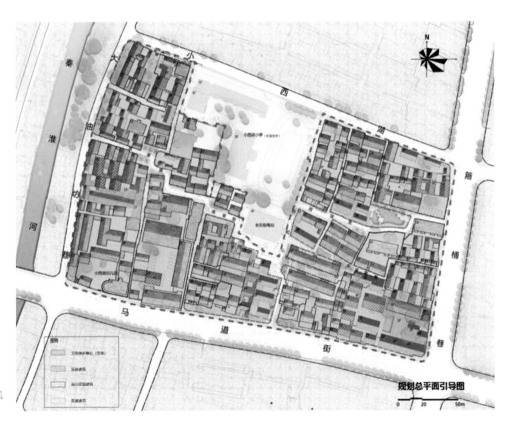

图2　南京小西湖（大油坊巷）历史风貌区规划方案总平面图

（2）实施成效

经过历史的变迁，小西湖街区的价值逐渐淹没于激增的人口和衰败的环境之中。改造前有810户居民和25家工企单位，居住人口3000余人，人均居住面积约10平方米。项目组在居民意愿和逐户产权调研的基础上，通过规划编制、政策机制、遗产保护修缮、市政管网、街巷环境、参与性设计建设等一系列创新性探索，形成多元主体参与、持续推进的"小尺度、渐进式"保护再生路径。目前已腾迁居民443户，保留原居民 367户，搬迁工企单位12家；完成市政微型管廊敷设490米，街巷环境整治3180平方米，文保和历史建筑修缮5处，公共服务设施改造9处，消防控制中心1处，示范性居民院落改造3处，总建筑面积约11000 平方米。

利用自愿搬迁后的公房院落，通过历史建筑修缮、三官堂遗址展示和既有建筑再利用打造特色民宿——花间堂民宿。在私房改造的过程中，一部分通过自主更新的模式保留居住功能，并将另一部分改造为街边小店。同时，还通过对历史建筑的保护和修缮，使其重新融入居民的现代生活当中，并利用工业企业单位搬迁后的用地，建设街区消防、供配电控制中心和店铺。将私家民国小楼以租赁形式改造成咖啡馆。

图3　花间堂民宿改造前后

图4　马道街25-1号改造前后

图5　控制中心改造前后

（3）示范经验

·人居环境改善示范·

示范经验一：采用微型综合管廊，化解街巷狭小与市政管线敷设的矛盾，改善市政基础设施。

系统梳理片区内各类管线的铺设形式、行走路线、供给方式、占位间距，创新实施"微型综合管廊"综合布线方式。管廊有效利用地下空间，解决了街巷空间狭小，直埋无法满足规范间距要求的问题；使后期的更替、扩容、维护更加便利，有效实现历史地段雨污分流，消除积水淹水现象，并且实现消防管线全覆盖。

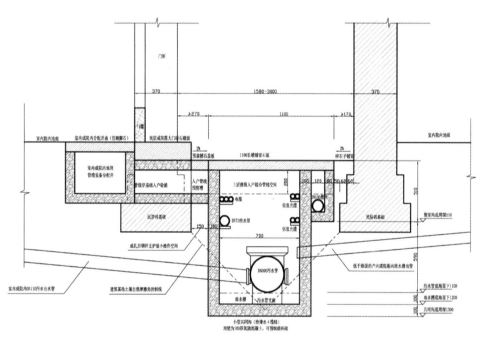

图6　管廊剖面图

图7　微型管廊施工作业与建成后效果

示范经验二：采用共生院、共享院等方式，优化建筑格局，释放公共建筑空间，改善居住环境和居住条件。

共生院　在充分尊重民意的基础上，该院落中2户居民因年龄偏大，故土难离而选择留下。共生院的改造，一方面通过院内释放出来的公共空间给原住民设计了楼阁增加了储物空间，同时完善了厨房、卫生间等功能性设施，极大改善其生活条件，提升居民获得感，另一方面利用已搬迁房屋引进社区规划师办公室及文创产业，彼此在改造后的院落中和谐共生。

共享院　在保留居住功能及院落形态的前提下，居民参与合作建设，将部分临街院落改造为共享区域，与公共街道建立沟通，让原本封闭的院落成为交流空间，给院落带来活力，使片区更具生命力，并与邻里游客和谐共享。

图8　共生院改造前后

图9　共享院改造前后

图10　堆草巷31-18号老龙家改造前后

· 公共参与管理类 ·

示范经验三：实践依法依规、商量着办和有温度的城市微更新，部门协作，居民参与，公开公正地进行共商共建微更新，营造良好的社区精神。

协同机制的创新：城市微更新涉及自下而上、自上而下相结合的新工作模式，按南京市规划和自然资源局牵头联合发布《老城南小西湖历史地段微更新规划方案实施管理指导意见》（宁规划资源〔2020〕709号），探索协同机制建设，具体包括：在充分尊重民意和尊重老百姓产权的情况下，以"院落或幢"为基本单元，采取"公房腾退、私房

图11 "五方平台"在不同群体之间建立共商共议机制

腾迁（自我更新、收购或租赁）、厂企房搬迁"方式进行现状产权关系梳理；同时，实施微型市政综合管廊，采取了小型市政共同沟，敷设排水、给水、供电和燃气等所有市政管线的做法，既满足消防、安全需要，又让老百姓享受到现代化城市生活的好处；同步建立了由政府职能部门、产权人或承租人、街道社区、设计师（产权人和租赁等关系）、国资平台联合协商的五方平台会议、社区规划师管理制度及私房自主更新申请流程，创新式地开展从策划、设计、建设及市场运作等多元互动的全过程公共参与管理。

图12 多元互动的公共参与管理

14 北京市崇雍大街

示范方向： 人居环境改善类示范、公共参与管理类示范

供稿单位： 中国城市规划设计研究院

供稿人： 鞠德东、钱川、徐萌、张涵昱、余独清

专家点评　项目实施充分尊重历史环境的真实性，多层次展现历史街道所呈现的"古朴向现代、居住向商业过渡"的风貌特色。在规划中通过精细化设计手法，在施工中坚持采用传统工艺技术，保护实践充分体现了"绣花功夫"和匠人精神。该案例也是新时代北京老城疏解整治促提升过程中确定的样板工程，实施过程中坚持人民群众为中心，设计中通过"菜单式选择"的方式，让在地居民、商户参与个性化方案设计。

图1　雍和宫大街北口鸟瞰效果图

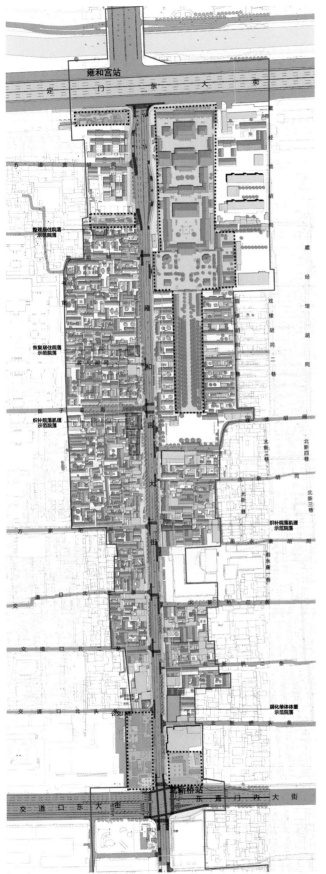

（1）项目概况

区位： 北京崇雍大街整治提升工程位于北京东城区，全长5220米，南起崇文门路口，北至二环路，途经东单、金宝街、东四、平安大街、国子监和雍和宫等多个节点，其中雍和宫大街示范段位于崇雍大街最北端，长约1130米。

资源概况： 崇雍大街研究范围内有历史文化精华区5片，历史文化街区7片，全国重点文物保护单位如雍和宫、国子监街、段祺瑞执政府等24处，以及市级和区级、未定级文物近200处。

价值特色： 崇雍大街是元代以来北京内城重要的南北通衢，见证了从元大都到新北京的千年变迁，今天的崇雍大街仍然是北京重要的文化脉络，串接众多胡同街坊，是老城传统生活延续的重要片区。

实施内容： 雍和宫大街示范段环境整治提升工程，占地面积5.06公顷，包括街面及两侧一进院落范围内的建筑风貌工程设计、景观环境工程设计、道路交通详细设计、综合杆工程设计。

图2 总平面图

（2）实施成效

2019年底，以崇雍大街城市设计为主导，统筹历史保护、建筑、交通、景观、市政、业态、大数据多专业团队与城管委、规划分局等30多个相关管理部门横向联动，制定全技术视角的综合技术措施，1130余米长的雍和宫大街作为示范段工程竣工。

项目充分尊重历史的真实性，多层次展现了古朴向现代、由居住向商业过渡的历史风貌。通过精细化的设计手法，充分体现了"绣花功夫"和匠人精神。在施工过程中坚持采用传统工艺进行修缮，探索老旧建材回收利用的方式，对大街原有的55万块旧砖、13万块旧瓦及大量木构件等进行了回收利用，旧材料回收利用约占80%。集中整治不协调的仿古构筑物，拆除部分超过街区保护限高的违章建筑。

图3　雍和宫大街西侧1960年代老照片、整治前后照片

图4 改造效果

图5　雍和宫大街40-1号

图6　雍和宫大街86号

图7　雍和宫大街147号

图8　雍和宫大街83号

图9　雍和宫大街125号

图10　方家胡同口

（3）示范经验

·人居环境改善示范·

示范经验一：从街面走向院落，提升人居品质——项目以民生为基点，摒弃一层皮的做法，全面梳理街区院落特征与问题，分类制定实施策略。

选择示范院落先行整治，对存在安全隐患的房屋排查修缮，采用一户一案结构设计对部分院落里外都进行了必要性的整治改造，总计大修危房48处，修整铺地及上下水系统，极大改善了居住条件。完善五分钟便民服务生活圈，利用示范院落保留和植入了永安堂、同日升、崇雍客厅等便民设施和文化设施，保留社区记忆，再造社区活力。

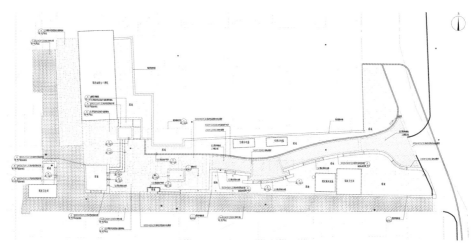

图11　儒风禅韵节点平面图

图12　院落整治实施效果

示范经验二：高品质公共空间塑造：街道空间从"以车优先"转变为"以人优先"。

优化道路断面，打通多处"断点"，人行道变得宽阔畅通。利用铺装变化合理分配路权，完善无障碍设施，贯通盲道，优化胡同口转弯半径和放坡设计。重点塑造了"雍和八景"文化景观节点。"儒风禅韵"在雍和宫地铁口展现国学文化，"宝泉匠心"通过历史建筑恢复和地面铺装展现宝泉局造币及机械制造文化渊源，"翠帘低语"织补了胡同天际线，成了居民喜爱的活动场所。针对多头管理的街道市政设施进行了集约化、智能化探索。通过北京首次"多杆合一"工程，将233根杆件精简为77根，大街杆件林立的场景成为历史。通过"箱体三化"为每一个电箱量体裁衣，设计独特的隐形方案，让出了宝贵的公共空间。

图13　景观-翠帘低语节点

图14　儒风禅韵实施效果

图15　景观-宝泉匠心节点

· 公共参与和管理示范 ·

示范经验三：共同缔造"五大计划"——创新式地开展了全过程公众参与，动员社会各界力量，众筹智慧。

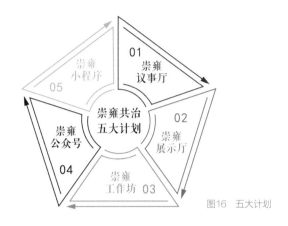

图16　五大计划

举办"认领街道"工作营和公共空间设计竞赛，吸引百余家团队参与；设计微信小程序"识图"，便于公众献计献策；召集了十余场社区座谈会，一家一户的登门沟通，融入居民的情感和生活需求；提出了"统规自建"的理念，通过数十种"菜单式选择"的方式，让在地居民、商户参与到个性化方案设计中；谋划设立和运营"崇雍客厅"实体空间，长期驻地参与社区营造。

图17　崇雍议事厅

图18　崇雍工作坊

图19　崇雍展示厅

图20　崇雍公众号

图21　崇雍小程序

第三章　历史文化街区类示范案例

151

广州市沙面历史文化街区

示范方向： 整体保护类示范、公共参与管理类示范

供稿单位： 广州市城市规划勘测设计研究院

供稿人： 胡峰、刘文峥、陈智斌、范粟、冯思瀚

专家点评

街区通过恢复英式花园、法式花园、中央大街等历史公共空间格局，使沙面成为"广州西客厅"；通过保留或保养文物建筑、改造一般建筑、剔除加建或违建要素等措施，配合建筑营造出鲜明的历史氛围。

在管理方面，建立了多层级管理部门紧密合作，以人为本，积极创新规划管理措施，腾挪位置不当的市政设施、新建机械停车楼、改造道路小转弯半径等，在历史街区的保护管理创新与实施方面取得良好的示范效果。

图1 "最美一公里"中央大街

（1）项目概况

区位：沙面历史文化街区位于广东省广州市荔湾区，南濒珠江白鹅潭，北隔沙基涌，有大小街巷8条，总面积30公顷。

资源概况：沙面集中了各国所建的领事馆、洋行、教堂等各类建筑，是西方建筑技术与艺术在广州展示的集中地。沙面建筑群为全国重点文物保护单位，含54处文物建筑。

价值特色：沙面历史文化街区是广州百年洋场所在地，广州国家级的城市名片，岭南第一个具有近代意义的城市规划样板，典型的规整式中央大街布局和滨水公共空间，给当时的广州旧城树立了城市风貌示范。

实施内容：本次提升建设范围面积为39.1公顷，其中涉及全国重点文物保护单位——沙面建筑群保护范围面积为30公顷。项目主要实施内容为对岛内的8条大街、内街里巷的灯光照明、绿化景观提升；对岛内的车道、步行环境进行优化改造等。

图2　沙面老照片

图3　总平面图

（2）实施成效

在遵从过往3次保护规划的基础上，为使沙面历史文化街区得到更好的保护利用，体现"老城市、新活力"，2019年品质提升以人民为中心，以恢复历史公共空间格局为切入点，运用"微改造"手法，以打造有温度的街区为目标，完成了多项精细化改造，将沙面打造成为"广州西客厅"，完整展现了广州近代历史风貌，唤醒历史记忆。

现在的沙面西堤已成为广东国际经济文化交流点，西关民俗风情的体验地，承载岭南传统文化的标志性场所。广州市荔湾区代表受邀在中国文物学会年会上发言；新举办国际青年音乐周，邀请世界著名华人大提琴家马友友现场演奏；新进驻蓓利夫人高端酒店等6个新产业；新接见了国内其他城市和粤港澳区域近10次参观访问活动；接受了《广州日报》《新快报》等16家主要媒体采访报道，成为广州对话世界的岭南会客厅。

图4　大沙面公园

图5 高品质步行街区

图6 世界著名华人大
提琴家马友友沙面公
园现场演奏

图7 工程提升成效

（3）示范经验

· 整体保护类示范 ·

示范经验一：恢复历史格局，空间复兴带动环境提升。

从封闭到开敞，从隔江到通江，打通通江廊道，恢复原岛英式花园、法式花园的历史布局，以疏林草地的形式展示开阔的景观感受。中央大街以对称式模纹花坛布局和花境组合，展现岭南文化兼容并蓄的园艺博览廊，结合环岛花带的种植，让沙面岛总体绿量有增无减，把沙面全岛打造成"大沙面公园"。

图8　沙面公园改造前后对比1

图9　沙面公园改造前后对比2

示范经验二：建筑保养维护，实现原真性全景街区。

保留或保养文物建筑、改造一般建筑，尊重建筑原有元素，剔除加建或违建要素，恢复原有细节，重现建筑原貌，为未来新产业置入预留原真性。打造"西广州夜景博物馆"，夜景照明采取"半照明"理念，明暗区分，突出建筑的历史厚重感，为行人提供安全舒适的夜间活动环境。

示范经验三：挖掘文化元素，基础建设促进产业升级。

打造完整的城市家具系列，融入原岛特色，布置古典坐凳、古典庭院灯、古典栏杆、邮筒、标识牌、门牌等城市家具，镶嵌提醒历史记忆的黄铜地牌，配合建筑营造场所氛围，提升街道品质。为沙面量身定制的邮筒，取其沙面地名"Shameen"的英文原称，展现独特的文化名片，运用建筑和场地的基础建设倒逼产业升级。

图10　恢复建筑原貌细节

图11　西广州夜景博物馆

示范经验四：重塑人车关系，提升背街里巷生活环境。

逐步取消室外停车场，机动车统一停放在新建机械停车楼内，把停车空间转变为公共活动空间。精细化慢行交通组织，处处可见的无障碍设施，改善原来中央大街地面高低不平的情况，提高游客走路舒适性，提升近人尺度品质。

坚持人性化的场地改造理念，将原貌场景渗透到背街里巷，深入挖掘老建筑文化底蕴，促进社区空间优化，将老旧院子、老旧巷子、围闭经营场所变成口袋公园，为原岛居民提供有品质生活的体验。通过对建筑进行清洗养护、三线下地，修理更换老旧管线、改造场所排水不畅等，改善居民生活环境，保证场所安全。

示范经验五：多部门协同，居民全过程参与，设计共商讨，建设共维护。

沙面具有历史文化街区和全国重点文物保护单位的双重属性，住建与文物、交通等多条口、多层级管理部门紧密合作，以人为本，积极创新规划管理措施，腾挪位置不当的市政设施、新建机械停车楼、改造道路小转弯半径等，取得良好的示范效果。

部门引导，以集体宣讲、逐户协商的方式倾听居民需求。在规划设计阶段，通过设计满足居民基本生活需求，设计可伸缩晾衣架、通风采光铁艺花窗等设施，塑造有温度街区；在后期管理阶段，形成共治共享规则，鼓励居民成立自治团队参与社区事务，居民逐渐形成主人翁意识，由过往乱停车、乱摆放转变为爱护环境、美化街区行动。

图12 欧陆风情城市家具

图13 老街巷变"口袋公园"

图14 社区老旧设施更新

图15 停车场改造为人行广场

图16 环岛路取消侧方停车带

昆明市翠湖周边历史文化街区

示范方向： 整体保护类示范、公共参与管理类示范

供稿单位： 昆明市规划设计研究院

供稿人： 霍晓卫、陈文、肖平、王军、徐慧君

专家点评　街区尊重现实，恢复城市历史生态景观格局，连通"翠湖—洗马河—篆塘—大观河—大观楼—草海—滇池"历史文化生态景观带。街区塑造遗产小径，以历史文化步道的形式，线性串联翠湖周边的历史文化资源点，形成"昆明近代文明之路"。街区通过"通山水、保视廊、塑街巷"连通山水，恢复历史生态格局，重点塑造"历史格局"，使翠湖至长虫山、圆通山、讲武堂等视廊的历史景观得以再现。

图1　翠湖全景风貌

（1）项目概况

区位："昆明的眼睛"——翠湖位于昆明市区五华山西麓，是昆明城市价值的核心区域、昆明的老城之心。翠湖周边历史文化片区整治提升研究范围共划分为核心区、拓展区和辐射区，其中核心区面积约64.43公顷，重点围绕翠湖历史地段进行整治提升；拓展区及辐射区覆盖至圆通山、五华山、云南大学、西南联大及昆明历史城区等相关片区整体保护。

资源概况：翠湖周边有50多处历史遗存，以展现近代抗战遗存最多，如西南联大、陆军讲武堂、云南大学、闻一多故居及殉难处、朱德旧居、卢汉公馆、袁嘉谷旧居、石屏会馆等。片区内有13条历史街巷，俗称"十三坡"，分别为先生坡、小吉坡、贡院坡、丁字坡、北仓坡、西仓坡、学院坡、沈官坡、尽忠寺坡、牛角坡、熟皮坡、逼死坡、永宁宫坡。"十三坡"是昆明市民对古城地形特色，特别是对传统街巷与地形关系的认知，是城市建设结合自然地形的中国古城营建思想的体现。

价值特色：翠湖自明代被纳为昆明城的城中湖，成为昆明"三山一水"格局的重要组成部分，集中体现古人的山水文化观，以及古人在城市营建过程中的营城智慧。翠湖是昆明数百年的宝贵文化景观，是近代昆明振兴历史的集中见证地，是地方文化特色富集的区域。

实施内容：已完成翠湖历史文化片区整治提升一期工程包括翠湖水质净化与治理工程、绿化景观整治提升工程、翠湖周边架空线缆综合整治工程、翠湖北门广场片区(翠云里)和省文联等周边地块改造、"两坡一街"(景虹街、先生坡和沈官坡)整治提升示范工程、洗马河水系恢复及带状公园建设工程、翠湖灯光亮化工程等项目。

图2　云南陆军讲武堂全景风貌

（2）实施成效

2017年启动项目工程至今，湖内水质得到极大改善，形成明亮舒朗的景观天际线和驳岸线；拓展实施翠湖周边历史文化街巷整治，改善了翠湖内环街巷风貌及道路通畅性，改造后的"两坡一街"和洗马河公园，不仅为市民提供了公共休闲之所，还成为片区文化展示的网红打卡地；构建"文化+"产业体系，环翠湖博物馆集群初具规模，植入文化创意、时尚消费体验和人文旅游等新兴业态，综合提升了片区文化软实力。

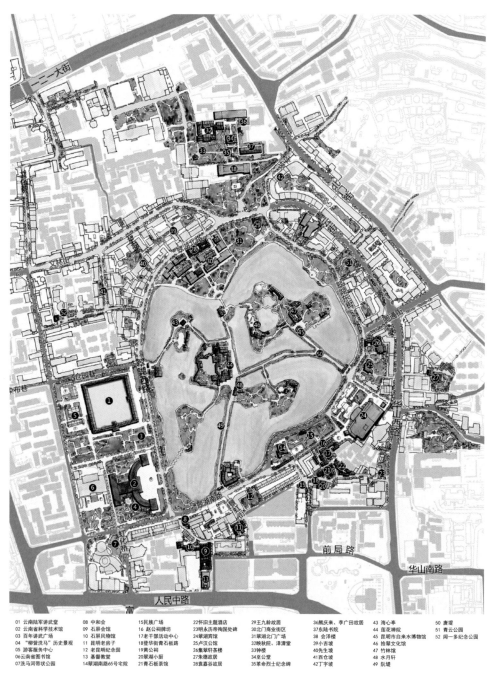

01 云南陆军讲武堂	08 中和会	15 民族广场	22 怀旧主题酒店	29 王九龄故居	36 熊庆来、李广田故居	43 海心亭	50 唐堤
02 云南省科学技术馆	09 石屏会馆	16 赵公祠牌坊	23 明永历帝殉国处碑	30 北门商业街区	37 东陆书院	44 莲花神院	51 青云公园
03 百年讲武广场	10 石屏风物馆	17 老干部活动中心	24 翠湖宾馆	31 翠湖北门广场	38 会泽楼	45 昆明市自来水博物馆	52 闻一多纪念公园
04 "柳营洗马"历史景观	11 昆明老房子	18 登华街青石板路	25 卢汉公馆	32 陋秋院、泽清堂	39 小吉坡	46 抢翠文化馆	
05 游客服务中心	12 老昆明纪念园	19 黄公祠	26 集翠轩茶楼	33 睡楼	40 先生坡	47 竹林馆	
06 云南省图书馆	13 基督教堂	20 翠湖小屋	27 朱德故居	34 至公堂	41 西仓坡	48 水月轩	
07 洗马河带状公园	14 翠湖南路65号宅院	21 青石板茶馆	28 袁嘉谷故居	35 革命烈士纪念碑	42 丁字坡	49 阮堤	

图3 规划总平面图

历史文化保护与传承示范案例（第一辑）

（3）示范经验

· 整体保护类示范 ·

示范经验一：重塑老城历史格局——从翠湖走向名城，通过"通山水、保视廊、塑街巷"，尊重现实地恢复城市历史生态景观格局。

针对翠湖周边建设密集的情况，通过局部建筑拆除、恢复景观视廊，无法拆除的采取建筑色彩改善、夜景照明控制、植物景观遮挡等手段实现视觉上的消隐，使翠湖至五华山、圆通山、云大山等山水视廊得以再现。通过暗沟改明沟的方式恢复"洗马河"历史水系，连通翠湖至滇池的历史文化生态景观带。提升翠湖环路及周边"十三坡"构成的特色街巷慢行环境和景观品质，丰富街巷文化休闲功能。对周边的建筑高度、临湖界面长度、视廊宽度、街巷尺度在规划上进行长期整体严控，在未来城市更新中逐步实现历史格局的恢复。

洗马河公园

景虹街

先生坡

图4　洗马河公园、景虹街、先生坡整治前及整治后照片

示范经验二：文化复兴之路——充分挖掘片区资源并活化利用，塑造遗产小径"昆明近代文明之路"，提升翠湖文化品牌软实力。

基于翠湖片区的历史文化资源"零散多样、深藏于现代城市建设之中"的特点，首先对片区内的文物古迹、历史建筑、名人故居等进行保护修缮，并活化利用形成博物馆、图书馆、文化馆、名人故居展览馆等载体，打造环翠湖博物馆集群，构建片区公共文化服务体系。同时引入"遗产小径"的概念，以历史文化步道的形式线性串联翠湖周边的历史文化资源点，打造"昆明近代文明之路"。其次充分挖掘非物质文化遗产和当地民俗活动，策划城市文化事件，落实文化空间，提炼翠湖文化符号与元素，并设计开发周边文化产品，发展片区文创产业，打造翠湖文化品牌的强标识。

示范经验三：名城复兴双修实践——项目以民生为基点，科学规划、完善片区基础设施，综合提升翠湖整体人居环境。

从生态修复、城市修补方面推进翠湖片区的提升工作，通过城市家具、夜景照明、景观小品设计等多种手段，对现已不存在的历史文化资源信息进行复原展示。充分保护"翠湖观鸟"和谐人居环境，考虑灯具灯光对红嘴鸥栖息及候鸟迁徙时间的影响，设计全年不同月份的灯光场景。此外，对环湖界面、道路断面、公共交通、旅游服务设施等制定详细的改造提升方案与工程实施，综合提升片区的人居环境和服务水平，力求为公众营造一个舒适、安全、怡人的昆明"老城之心"。

图5　云南陆军讲武堂旧址、朱德旧居纪念馆、熊庆来故居纪念馆、卢汉公馆（云南起义纪念馆）

示范经验四：集群策群力而为、全民参与实施——讲清历史，多方征询，强化社会参与和宣传互动，树立整体保护的全民观念。

通过各级政府协作支持，听取学界、商界、民众等多方意见，充分利用报纸杂志、电视广播及新媒体平台等渠道带动社会广泛关注与参与，从而达到"集群策群力而为、全民参与实施"的效果，为推动片区规划与整治实施起到了关键作用。通过调查公众意见和沟通聆听市民的真实需求；通过主题展板、宣传手册等开展普适性宣传工作；通过官方微信公众号向全民开展各类主题方案设计征集大赛；充分利用公共文化服务体系，依托环翠湖博物馆集群，开展一系列文化宣传教育及主题活动，讲清历史，增强社会认同感以及保护传承的意识。

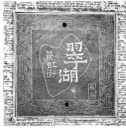

图6　翠湖文化符号及周边产品开发

图7　景观整治改善、人居环境提升实施成效

图8　公众民意调查、实地规划宣传

17 湖州市小西街历史文化街区

示范方向： 人居环境改善类、公共参与管理类

供稿单位： 湖州市房地产物业管理服务中心、湖州市城市规划设计研究院

供稿人： 侯旸、钱顺根、吴晔、陆茜

专家点评

通过"街河一体"的水乡特色的强化，街区整体风貌与人居环境得到极大改善。项目在保持历史街巷尺度的同时，重构基础设施系统，大力推进消防通道、消防设施、应急避难场所等重点防灾设施建设。在延续居住主体功能和社区服务基础上，植入人文、创意等新业态，让更多的人感受到历史街区的文化魅力。遵循居民意愿，采取回迁、改善、疏解等多种方式对街区居民进行妥善安置，充分调动居民参与的积极性。在街区环境提升方面，听取居民意见，就市政设施改善、风貌整治、结构加固等工作确定具体措施，在街区活化利用方面建立通畅渠道，征求各商户的意见，实现街区共建。

图1 小西街历史文化街区整治后鸟瞰图

（1）项目概况

区位：湖州位于浙江省，是国家历史文化名城，是有2300多年建城史的江南古城。小西街历史文化街区是湖州历史城区范围内两片历史文化街区之一。

资源概况：小西街区保护范围面积为17.68公顷，街区内现有省级文物保护单位1处，市（县）级文物保护单位5处、市（县）级文物保护点5处、历史建筑12处。

价值特色：小西街区内传统民居建筑占街区总建筑数量的8成以上，是湖州明清时期传统居住街区的典型代表。其中钮氏状元厅是湖州地区仅存的1处与科举文化有关的厅堂建筑，对于研究科举文化、钮氏家族史及清代建筑风格都具有重要价值。

实施内容：2013年小西街历史文化街区启动规划设计和修缮工程，累计投入资金1.7亿元，对街区内700余栋建筑、20余条历史街巷、1公里河道驳岸和100余处历史要素进行了分类修缮整治，对街区市政基础设施和公共空间进行系统提升，在改善人居环境同时积极引入文创产业和活动，取得了良好的社会经济效益。

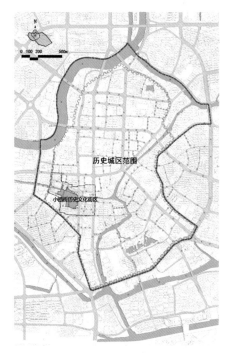

图2　区位图

图 例

① 清源门遗址广场
② 游船码头
③ 传统风貌民居
④ 本仁堂
⑤ 永安桥
⑥ 河埠头
⑦ 宝恒堂
⑧ 休闲小广场
⑨ 青石广场
⑩ 小西街民居展示片
⑪ 停车场
⑫ 宝巍堂
⑬ 古井
⑭ 小西街民宅文化展示馆
⑮ 馆前文化广场
⑯ 小西街文化墙
⑰ 小西街街头景观花园
⑱ 油车巷小广场
⑲ 小西街社区消防站
⑳ 小西街社区活动中心
㉑ 小西街社区管理办公室
㉒ 朝阳巷小广场
㉓ 特色商业
㉔ 小西街剧场

图3　总平面图

（2）实施成效

街区格局风貌、历史环境有效保护与传承。保护修缮各类建筑700余栋、建筑面积约3.7万平方米，保护整治历史街巷20余条、河道驳岸1公里、古埠头10余处、古桥、古树、古井等100余处。

各类建筑得到科学的保护修缮和整治提升。文物建筑未改变原状及其历史环境，内部得到合理利用；历史建筑延续了风貌特色、完善了基础设施、丰富了功能业态；传统风貌建筑改善了居住条件，局部采用新材料新技术进行创新。

业态功能极大丰富、社会效益突显。街区已引入近10类、20余项时尚新业态，2019年全年接待游客数量近60万人次，旅游收入近3000万元。目前街区内共有年轻创客200余人，各类文创公司100余个，2019年文创企业经营收入总计超过1000万元，已经成为年轻人创业集聚地。

图4 小西街景观整治后

（3）示范经验

·人居环境改善示范·

示范经验一：从城市整体视角，控制引导街区格局肌理、历史环境保护修复。

从湖州历史城区整体层面研究制定小西街街区的格局保护、建筑高度管控、交通优化措施，提出街区整体格局肌理、历史环境景观的保护控制要求。通过历时3年多保护修缮工作，街区滨水空间景观得到修复提升，"街—河"一体的水乡特色进一步强化，街区整体风貌与人居环境得到极大的改善。

图5　小西街莫宅整治前后对比图

图6　小西街杨宅整治前后对比图

示范经验二：遵循居民意愿，有针对性地采用不同的安置处理模式。

遵循居民意愿，回迁一部分、改善一部分、疏解一部分，采取多种方式对街区居民进行妥善安置，充分调动居民参与的积极性。街区人口由原来近700户疏解为200余户，人均居住面积由原来不足15平方米提升至45平方米。

示范经验三：以居民为中心，提升基础设施、增加小微空间、改善人居环境。

保持历史街巷尺度的同时，重构基础设施系统，构建适合于街区的防灾应急和自救体系，大力推进消防通道、消防设施、应急避难场所等重点防灾设施的配套建设。地埋改造供水、雨水、供电、通信、消防管线近5千米，新铺设污水、燃气管线近3千米。修复驳岸、码头、古桥等典型历史环境要素，尽可能增加小微公共空间（图8公共绿化空间）。拆除违法建筑1500余平方米，新增街头绿地、口袋公园近2000平方米，街区公共空间品质显著提升。

图7　内部院落空间

图8　公共绿化空间

历史文化保护与传承示范案例（第一辑）

· 公共参与和管理示范 ·

示范经验四：创新实施管理机制，构建全流程的政策体系。

通过组建街区保护管理委员会、文化创意产业发展公司，为街区引入现代化的运营管理模式，探索了政府部门为主导、社会资本为主体、公众共同参与的街区保护利用新路径。围绕规划设计—建设实施—活化利用—管理维护—安全防灾等环节建立全管理流程的政策体系，精准指导街区保护传承工作。

示范经验五：引进休闲文创时尚业态，在有效利用中实现永续传承。

在延续居住主体功能和社区服务基础上，植入历史人文馆、城市书房、创客驿站、文化礼堂、美术馆、手作生活坊等大量新业态，系统构建街区文旅产业生态圈。通过举办"小西街创意生活市集""小西街音乐会""小西街童趣游戏节"等活动，让更多的人感受街区历史文化的魅力，让更多人参与街区保护传承的工作。

图9　小西街城市书房

图10　小西街创意生活集市

图11　小西街音乐会

南京市颐和路历史文化街区

示范方向： 整体保护类

供稿单位： 南京市规划和自然资源局、南京颐和历史建筑保护利用有限责任公司

供稿人： 叶斌、王昭昭、吕旸、高青松、黄忠

专家点评 颐和路历史文化街区名人故居众多，是近现代城市规划实施的珍贵范例。街区修缮从"街道—院落—建筑"入手，对历史街巷进行整治，院墙、建筑外观和环境小品均参照民国时期的样式进行修缮，对街区加以整体保护，并呈现了民国时期颐和路街区的整体环境风貌特色。街区在民国建筑保护性修缮中体现出的规划设计理念、修缮工作质量、活化利用成效等方面值得借鉴。

（1）项目概况

区位： 颐和路历史文化街区位于江苏省南京市鼓楼区，北到江苏路，东至宁海路，南抵北京西路，西至西康路，保护面积35.19公顷。

历史资源： 街区始建于1930年，是中华民国国民政府1927年《首都计划》中确定的第一批住宅区，后逐渐演变成为民国时期军政领袖、文化名流的居住地以及各国公使馆的办公地。街区内共有285处院落，其中有264处保持具有民国风貌，纳入文物及规划部门保护的有225处；历史街巷12条；近现代军政文化名人故居222处；重要历史事件发生地2处；建筑名家作品5处；现存24处大使馆旧址、8处公使馆旧址，9处"一带一路"国家使领馆旧址；新中国成立后在此居住过的将军有63位。

价值特色： 该街区是近现代城市规划实施的珍贵范例；是众多名人故居与历史事件发生地，体现了南京作为当时民国首都的政治文化经济中心的特殊历史地位；是南京最具特色的"民国建筑博物馆"，受到中西方文化融合的影响，风格呈现多样化，最集中地体现了当时南京的民国风貌。

实施内容： 开展颐和路12片区面积3.08公顷地块保护与利用试点，置换修复23幢民国建筑；开展天竺路、琅琊路等9条历史街巷整治和街区外建筑外立面综合整

治，加强周边建筑与街区风貌协调；开放院落，提升社会公共服务功能。目前已承接省属院落16处（含102户住户），完成其中3处空置院落的修缮并对外开放；完成11-1（7个院落）、13-1（原新住宅区氧气化粪厂旧址）、W-1片区（原南京化学厂）配套服务区的活化再生。

图1　总平面图

（2）实施成效

颐和路街区采取的是"小规模、渐进式"的保护与更新方式，经过多年的修缮，从院墙到建筑外观再到环境小品，均参照民国时期的样式进行修缮，目前街区内民国风貌得到较好的呈现，维持着民国时期颐和路街区的整体环境风貌特色。

颐和路第12片区荣获"联合国教科文组织（UNESCO）亚太地区文化遗产保护荣誉奖"。

莫干路2号按照"修旧如旧、与古为新"的原则，实现建筑形态新旧共生、平衡协调的目标。

图2 鸟瞰效果图

图3 颐和路第12片区颐和公馆整治前后

（3）示范经验

·整体保护示范·

示范经验一：坚持整体保护，保证历史空间的真实性，坚持有机更新、审慎推进。

建立多方位、多层次的保护体系。保护区内方格与放射相结合的路网格局、街道尺度和"街道—院落—建筑"空间组织。分"三区"（特色彰显区、风貌保持区及品质提升区）进行更新整治。街区外围绕"三结合"的思路更新改造（与街区内历史文化挖掘建设相结合、与民生改善相结合、与业态调整相结合），放大历史文化街区服务开放效应，形成区域文化特色。在修缮设计方面，从整体修缮理念、尺度、技术、呈现等方面制定导则，以此指导后续修缮工作。在原材料的选择上坚持做到真实，采用1∶1的比例，保留住历史文化的遗迹。

图4　莫干路2号整治前后

示范经验二：保证居住主体功能，有限开放院落

第一步梳理历史沿革与空间形态演进、物质与非物质文化资源、新形势下的新需求，明确了颐和路最值得展示的内容；第二步形成历史文化资源价值院落、街区内院落产权置换难易程度、已经开放片区的空间分析、现状环境品质较差院落4个方面的分析工作底图；第三步遴选出最有价值、最易开放、最见成效及已开放、已腾空、计划腾空的院落，规划形成"一轴、一线、两片、多点"的开放区域结构。

图5 颐和路35-1号整治前后

历史文化保护与传承示范案例（第一辑）

示范经验三：植入公共功能，激发街区活力，历史和现代有机融合。

在严格的保护和规划控制下，对各级文物保护单位和历史建筑进行适度、合理的利用，赋予它们新的功能，促进街区发展的活力。通过复兴计划，颐和路街区从"养在深闺处"逐渐对社会开放，实现文化复兴、产业创新、空间再生。

图6　赤壁路5号整治前后

扬州市东关历史文化街区

示范方向： 人居环境改善类

供稿单位： 扬州市住房和城乡建设局

供稿人： 刘泓、张晶、付元宁、高永青、邱正锋

专家点评 街区历史建筑经过全面保护修缮，历史遗存的品质得到提升。在街区业态方面，通过扶持发展"谢馥春""三和四美"等老字号非物质文化遗产项目，充分彰显了历史文化名城扬州的文化内涵，积聚了新的商业人气，提升了城市旅游吸引力。此外，还通过提供行政协调方式和开展技术交流，鼓励爱好传统文化的个人出资收购老旧民宅，按照传统建筑特色精心打造新民居，引导历史街区的有序更新。

图1 东关街鸟瞰图

（1）项目概况

区位： 扬州市东关历史文化街区位于江苏省扬州明清古城的东北角，东临泰州路、西至国庆路，南自文昌路、北止盐阜路，街区总面积为77.54公顷，其中核心保护范围面积32.47公顷。

资源概况： 东关历史文化街区历史遗存丰富，有个园（大运河世界文化遗产点）和逸圃、汪氏小苑等全国重点文物保护单位4处，冬荣园、华氏园、武当行宫等省、市（县）级文物保护单位25处，历史建筑8处。

价值特色： 自唐代起，东关街一直是扬州古城东西方向、水陆交通轴线，最繁华的商业、手工业中心，是运河文化的集中体现，保存有较完整的"河（古运河）、城（东城门）、街"的空间格局，较完好的街巷体系和传统建筑群，具有较为统一的整体风貌。

实施内容： 自2006年起，扬州市累计投入近20亿元，实施了东关历史街区保护与利用工程。实施建筑风貌整治，拆除乱搭乱建，按照传统风貌要求改造风貌不协调的传统民居；修缮各类文物保护建筑和传统风貌建筑3.56万平方米；按照织补街区肌理的方式，实施了"长乐客栈""街南书屋"等修复工程；同步实施了道路、水、电、气等市政设施工程和景观绿化、旅游休闲、卫生、消防、安保等配套设施改造与提升工程。

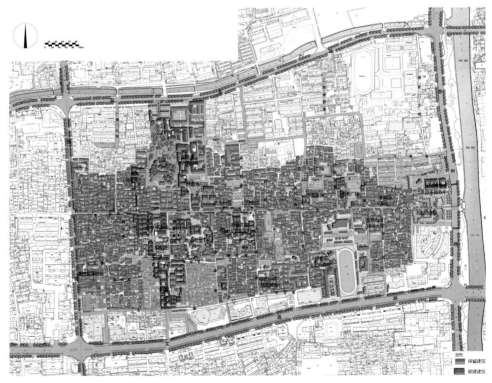

图2　东关历史街区保护规划总平面图

（2）实施成效

通过整治更新，延续传统的街巷体系、空间形态及地方建筑特色，历史街区的整体风貌得到有效保护。经过修缮，历史遗存的品质得到全面提升，逸圃、汪氏小苑等一批文物保护建筑的保护等级相继升格。对100多户传统民居进行了整治修缮，实施了街区基础设施改造，改善了居民的居住条件和街区环境，原有的生活方式、人文传统得到保留和延续；吸引剪纸、漆器、评话等多项传统技艺、非遗项目进入街区设立展示和传承场所，扶持发展了"谢馥春""三和四美"等一批老字号项目，充分彰显了古城扬州的文化内涵。

整治后的东关街，道路畅、风貌美、人文气息更浓厚，也积聚了新的商业人气。2010年入选第二批"中国历史文化名街"，同年年底荣获"江苏省人居环境范例奖"；2013年2月被评定为国家4A级旅游景区，2019年接待国内外游客近1200万人次。

（3）示范经验

· 人居环境改善示范 ·

示范经验一：结合历史街区道路环境整治，持续实施以"一水一电一消防"（即排水、供电、消防）为主要内容的基础设施提升工程，提升街区安全保障功能。

对街区内51条传统街巷进行整治，铺装石材、小青砖路面。对东圈门街等区域，通过换装大管径管道、增加雨水收水井、改造进院入户管道等措施进行整治，解决了暴雨渍涝问题。实施主要街巷的杆线下地，对居民接户线进行集中梳理维修，更换老旧线路，沿街建筑立面处的线缆统一加套管敷设。新建微型消防站和消防监控中心，组建消防志愿者队伍，配置了适合在狭小巷道通行的微型消防车、手抬增压泵等专用设备，对历史街区的各级文物保护建筑、沿街商铺统一增设消防报警系统和喷淋设施，为50多户独居老人免费安装智能烟感报警器，提升防火救灾能力。

图3 排水整治完成后的东圈门街　　　　图4 接护线整治

图5　东关街东段整治前后对比

图6　东关街观巷整治前后对比

图7　修缮前后逸圃对比

示范经验二：按照"政府倡导、居民自愿"原则，制定出台相应的激励政策，引导居民在保持古城风貌的前提下自主修缮传统民居。

通过制定《民房整修与保护技术导则》，对按照传统风貌要求修缮、翻建、整治的民居给予资金补贴，提供专业指导。与德国技术合作公司（GTZ）合作，采用CAP方法（社区合作），对文化里社区开展民居改造试点，鼓励居民自愿参与民居修缮，自主决定整治方案、施工队伍、施工材料和施工管理，使居民的参与积极性得到充分发挥。通过提供协调审批手续办理、开展技术交流，鼓励一批爱好传统文化的个人出资收购历史街区内荒废的民宅，按照传统建筑特色精心打造新民居，引导历史街区的有序更新。

图8 修缮后的文化里16号民居

图9 修缮后的剪刀巷29号民居

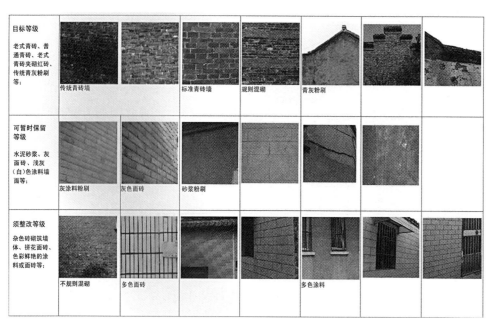

图10 扬州老城区民房整修与保护技术导则

示范经验三：切实加强公共服务设施建设，让历史街区融入现代生活，居民安居乐业，为街区保护与发展增添持续动力。

充分利用地下资源，配建地下停车场，缓解街区停车压力。按照旅游设施标准，实施了警务室、智慧旅游监控平台、游客服务中心、银行、邮局等配套服务设施建设。利用扬州城东门遗址建成公园绿地，让居民在家门口也能有休闲、健身的场所。建成24小时开放的城市书房，让书香飘逸古城每个角落，成为市民暖心的文化家园。

图11　街南书屋微型消防站、东关街消防泵房、东关街微型消防车

图12　东关街应急避难场所

图13　东关街城市书房

图14　东关街地下停车库

图15　东门遗址广场

20 宜兴市丁蜀镇蜀山古南街历史文化街区

示范方向： 公共参与管理类
供稿单位： 宜兴市丁蜀镇建设局
供稿人： 苍盛、丁子夏

专家点评　该案例的保护整治过程中召开了多次居民座谈会，与居民签订"街规民约"，达成共识，制定渐进式的更新改造方案；认识到居民是紫砂陶瓷文化的传承人，通过引导性的导则与示范工程，让居民了解保护与更新的细节，让古南街保持居民生产、生活的活态传承；经过渐进式的改造更新，吸引了年轻的陶艺工作者回归创业。

（1）项目概况

区位： 蜀山古南街位于江苏省宜兴丁蜀镇的蜀山地区，东依蜀山，西临蠡河。范围包含蜀山局部、南街、西街和东街，保护规划范围面积为13.15万平方米。街区的格局形态较为完整，临街为紫砂作坊、店铺或居住，靠山一侧曾建有多个紫砂窑（全国重点文物保护单位）。

资源概况： 蜀山古南街历史文化街区范围：北至通蜀路、南至东坡路，西至西蜀路、东至显圣路，总面积约46公顷。街区内有文物保护单位3处、历史建筑33处。

价值特色： 蜀山古南街距离紫砂矿主要产地黄龙山较近，依托蠡河航道，交通运输便利，自古就形成了集紫砂毛坯加工、成品烧制、交易洽谈于一体的紫砂文化发源地，是紫砂大师的摇篮，是宜兴明清水乡古街的杰出代表，是阳羡山水文化和其他文化的荟萃之地。

实施内容： 蜀山古南街整治保护坚持小规模、渐进式的改造和创作理念，主要包括关键节点修缮改造、街区基础设施的建设，逐步完善道路绿化、雨污分流、消防、公共厕所、强弱电系统升级、管线入地等工程。

图1 保护区划图

图2 小方窑广场

图3 南街鸟瞰

图4 水龙宫

（2）实施成效

蜀山古南街历史文化街区是宜兴市历史文化名城保护工作中的重要板块之一，遗存大量与陶文化相关的历史建筑、文物古迹。由于蜀山古南街各类建筑年久失修、基础设施老化等问题，群众要求改善居住环境的愿望日益迫切。随着紫砂热度的不断攀升，南街商业价值不断提升，违章建筑及随意改建破坏风貌的现象时有发生。南街的保护工作已经迫在眉睫，刻不容缓。

2015年开始，丁蜀镇建设局开始筹备进场修复，经过大量的讨论与设计，发现传统的"大拆大改"的改造模式很难实施。街区内原住民较多，居民大多年迈体弱，迁出较为困难。街区内房屋产权所有情况较为复杂，单纯的收购政策难以满足居民的实际需求。所以通过讨论保护方案、多次召开居民座谈会、与居民签发"街规民约"等方式与居民沟通、达成共识，制定了渐进式的更新改造方案，以点带面形成集成示范效应，从规划与建筑设计、环境品质优化、基础设施改善以及提高居民集体荣誉意识等方面，展开关于古南街人居环境改善的技术研发和集成示范，对传统建筑聚落的保护规划作出了有益的探索。

张家老宅、蜀山展厅、得义楼茶馆、毛顺兴陶器行、顾景舟旧居、"有事好商量"协商议事室，通过历史建筑的更新改造，丰富了街区的功能业态，让街区焕发活力。

图5　蜀山展厅改造后

（3）示范经验

· 公共参与和管理示范 ·

示范经验一：综合示范了与高校共同研发的各项关键技术，开创了在适宜技术的支撑下，在政府主导改造的带动下，原住居民自发渐进式保护改造的创新局面。

在经济效益方面，避免了大拆大建带来的财政压力，强调技术的适宜性、合理性和经济性；在环境效益方面，能够有效改善古建聚落依存的生态环境，提升古建聚落外部物理环境和民居内部热舒适环境；在社会效益方面，有助于保护古建聚落风貌，彰显其内在蕴含的历史文化价值，稳定原住民，并为合理开发利用奠定基础。老百姓通过政府的引导对古南街保护的细则进行充分的了解，提高了群众对历史街区保护的积极性，提升了街区内的风貌，充分挖掘了古南街的潜力。

图6　张家老宅改造前后对比

示范经验二：适应古南街古建聚落错综复杂的社会经济现状，采用有技术支撑的小规模、渐进式、可持续的整治和改造模式。

该模式保持了聚落风貌和性能改造要求的多样性，以示范工程带动居民自发改造的积极性，同时通过便于实施的导则制定，使改造后的新"细胞"顺应原有的聚落肌理，让古南街保持居民生产生活的活态传承。

渐进式更新改造保护了古南街的街巷肌理和建筑风貌，规模的整治和改造更适应古南街错综复杂的社会经济现状，保护了紫砂工艺发源地的生产场所和场景，激发了居民的热情，提升了居民生活环境质量。原有破旧空置房屋通过修缮加以使用，丰富了街区业态，使居民收入、租金得到大幅提升。将原本萧条的老街变为繁华的闹市，实现城乡环境的和谐发展，陶瓷文化得以传承与发展。

图7　综合改造前、后对比

图8　市政改造中、后对比

示范经验三：由原来的单一阵地建设向阵地建设和制度建设并重转变，由初步探索向不断规范、进而推动协商常态化转变。

居民是老街的主体，更是紫砂陶瓷文化的传承人。在实施修缮保护前和过程中，通过多次召开居民代表座谈会、建筑改造评比、发放传单、公益宣传栏、广场活动、签发"街规民约"等多种形式发动百姓参与，进行宣传和引导，倾听群众真实想法与诉求，打好改造工作的群众基础。在此基础上，通过引导性的导则的制定，菜单式构件展陈以及示范工程，让居民了解保护与改造的细节。确保做大家所愿所想，提高群众保护历史街区的主动性和积极性，保证修缮保护的可操作性。

图9　丁蜀镇民主议事相关图片

21 镇江市西津渡历史文化街区

示范方向： 整体保护类

供稿单位： 镇江市西津渡文化旅游有限责任公司

供稿人： 杨恒网、华桦、王婷婷、刘伟、仇栩堂

专家点评 在修缮过程中坚持分类施策：历史建筑坚持"修旧如故，以存其真"的修缮原则，沿街风貌建筑立足"迁危拆违、保持风貌"的整饬策略，新建景点采取"呼应得当，品相相容"的营造思路，工业建筑则采用"保存形态，功能再造"的手法，整体呈现了古商市井服务业和居民生活浑然一体的古街风情。

图1　西津渡历史文化街区俯瞰图

（1）项目概况

区位： 西津渡历史文化街区位于江苏省镇江市区西北，北濒长江，南临宝盖山，西起玉山大码头，中心轴线1800米，核心区域面积约1平方公里。

资源概况： 西津渡历史文化街区紧邻伯先路历史文化街区及大龙王巷历史文化街区，片区内拥有全国重点文物保护单位如昭关石塔、英国领事馆旧址等3处，省、市（县）级文物保护单位38处。

价值特色： 西津渡始建成于三国，距今约1400年历史，自唐代起具有完备的渡口功能；西津渡作为长江与京杭大运河交界处，一直是我国南北水上交通、漕运枢纽；西津渡保存着自唐朝以来大量的历史文化遗存和成片的传统民居，是我国历史最久、规模最大、保存最好的古渡历史街区，被原中国古建筑专家组组长罗哲文先生誉为"中国古渡博物馆"。

实施内容： 完成街巷路面的基础设施改造；完成环云台山周边片区改造；对街区内重点文物进行修缮保护，新建文博场馆，对传统民居进行整饬改造；修缮民国租界遗存，改造利用老工业厂房遗址。累计形成建筑面积约16万平方米，累计投入约35亿元。

图2 西津渡历史文化街区规划图

图3 待渡亭及西津渡街街景

（2）实施成效

　　西津渡文化旅游有限责任公司注重完整界面、空间节点、文化元素的把握，以及传统工艺及古建材料的应用,1500余米的西津渡小码头街作为西津渡历史文化街区的主街区顺利竣工。

　　通过多元化的设计手法，在保持传统建筑的真实性和风貌的协调性的前提下，充分展示了历史文化的精髓，展现了西津渡在民国时期作为"银码头"的风采。

　　西津渡的保护建设工作成效明显，遵循历史文化街区保护工作的原则，准确把握保护工作的方向和目标，创新思路和办法，被名城保护专家赞誉为"西津模式"，为我国历史文化街区保护工作起到了良好的示范作用。

图4　小码头街改造前后对比

图5　西津渡街改造前后对比

图6　1949年4月24日美国探险家哈里森·福尔曼所摄西津渡，当今西津渡整治后俯瞰

图7　英租界英国工部局旧址修缮前后

图8　利群巷改造前后对比

（3）示范经验

·整体保护示范·

示范经验一：分类保护，注重保持传统建筑的风貌肌理。

西津渡历史文化街区的改造以逐步恢复历史文化风貌为目的，以渐进式的方法进行保护改造更新。在实施保护改造提升过程中保持传统建筑的真实性和风貌的协调性，注重完整界面、空间节点、文化元素的把握，注重传统工艺及古建材料的应用。修缮历史文物时，坚持"修旧如故，以存其真"，确保文物原本精髓；整饬街区建筑时，立足"迁危拆违、保持风貌"，充分保留街巷肌理；改造工业遗产建筑时，采用"保存形态，功能再造"，使其获得二次利用；新建景点园区时，保证"呼应得当，品相相容"，为街区增添光彩。

图9　博物馆方向俯瞰

图10　小码头街俯瞰

示范经验二：文史领航，让传统文化得以传承延续发展。

　　西津渡的核心价值在于因渡而生，历史存续一千四百年，风貌保存完整，构成了镇江市历史文化街区的独特元素。为挖掘文化，全面开展西津渡文史研究，镇江市专门成立了西津渡文史研究办公室，西津渡文化旅游有限责任公司也专门设立了文史研究中心，用研究成果指导制定保护利用方案。研究形成了以玉山大码头为代表的古渡文化，以昭关石塔为代表的宗教文化，以救生会为代表的义渡救生文化，以江南民居、民国建筑、宗教建筑为代表的建筑文化，以英国原领事馆为代表的西洋文化，以小码头传统商贸街代表的商贾文化等主题鲜明、独具特色、多元聚合的系列文化成果，形成了10大类超200万文字的文化历史研究成果，为西津渡保护奠定了"文化之魂"。

图11　长江文化园俯瞰图

图12　建筑文化——小山楼

图13　民国文化——音乐厅及实验剧场

图14　租界文化——英国领事馆旧址

图15　救生文化——救生会

图16　码头文化——玉山大码头遗址

22 上海市杨浦滨江南段（5.5公里）

示范方向： 活化利用类

供稿单位： 上海市杨浦区规划和自然资源局

案例供稿人： 张汉陵、王玲、成元一、吕勤

专家点评

杨浦滨江见证了上海工业的百年发展历程，是中国近代工业的发祥地。项目通过在5.5千米的空间维度上，以连续不间断的工业历史体验带为核心，以原生植物和原有地貌为特征的原生景观体验为基底，结合厂房活化利用与创新活力街区，呈现不同空间处理、场景赋义、情绪体验、功能倾向的规划设计，打造历史感、智慧型、生态性、生活化的国际一流滨水空间，赋予其作为城市会客厅的公共职能，是历史街区焕发活力再生的生动示范。

（1）项目概况

区位：《上海市城市总体规划（2017—2035年）》中确定黄浦江为风貌保护河道，黄浦江沿线在历史上依托发达的航运，逐渐发展成为生产岸线。杨浦滨江南段，西至秦皇岛路、北至杨树浦路、东至复兴岛运河，岸线全长5.5千米，杨树浦路以南核心区总用地面积1.78平方千米。

资源概况： 1869年，公共租界当局在原黄浦江江堤上修筑杨树浦路，拉开了杨浦百年工业文明的序幕。自此，杨浦滨江南段在发展历程中创造了中国工业史上众多工业之最，集聚着20世纪初的自来水厂、火力发电厂、棉纺织厂等，是上海乃至全国工业的发源地之一，同时十七棉等工厂也是我国工人运动的起源地。

价值特色： 杨浦滨江南段在杨树浦路以南聚集了众多的工厂、仓库和码头，一直到21世纪初，随着城市产业转型，工厂陆续停产，杨浦滨江南段开始了转型，成了区域未来转型的主要区段。因此杨浦滨江南段既集中反映了杨浦百年工业遗存的厚重，也代表了区域未来的发展走向。在由"工业杨浦"向"知识杨浦"再向"创新杨浦"的转变过程中，滨江百年工业遗存的保护、传承、利用具有非常重要的现实意义。

在将生产性岸线向生活性岸线转变的过程，杨浦滨江南段坚持以历史感为特色进行整体转型。杨浦滨江南段有独特的条件可以形成5.5千米连续不断的工业遗存体验，在很大程度上可以代表中国民族工业在20世纪的发展历程。2016年杨浦滨江南段沿线共有10个以历史工业遗迹为特色的街坊被上海市政府认定为风貌保护街坊，滨江南段保护规划保留历史建筑面积约16万平方米。工业元素的保留已成为杨浦滨江区别于其他滨江段的最大特色。

实施内容：完成5.5公里公共空间的贯通，根据全市黄浦江沿岸公共空间贯通的要求，杨浦在2017年完成杨浦大桥以西2.8千米岸线贯通的基础上，于2019年9月完成了大桥以东2.7千米的贯通工程。

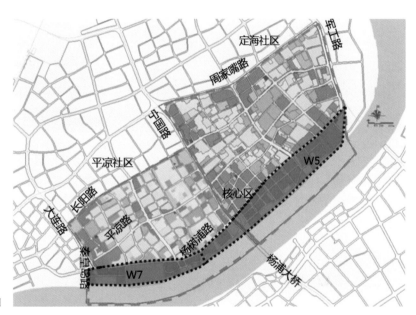

图1　杨浦滨江南段核心区范围图

图2　杨树浦路历史照片

图3　杨浦滨江公共空间栈道

（2）实施成效

　　根据市政府相关要求，结合杨浦滨江的自身特色，在杨浦滨江南段改造过程中，始终将保留历史感作为总体原则，分区段开展了滨江特色化景观岸线的建设和工业遗产资源的利用。不仅为杨浦的居民提供了5.5千米的滨水公共空间，同时结合16万平方米工业厂房的保留保护形成工业历史体验带，结合厂房活化利用与创新活力街区，植入各种时尚主题功能，塑造历史与时尚交融的滨江特色，引入的城市空间艺术季、世界技能博物馆等重大活动，也使得杨浦滨江南段的历史建筑焕发了新生。

图4　杨浦滨江公共空间

（3）示范经验

·活化利用示范·

示范经验一：规划先行，谋定而后动——项目遵循"高起点规划，高品质建设"的原则，通过规划引领，明确滨江地区历史建筑保护利用主基调。

2013年上海市政府正式批复了杨浦滨江南段控制性详细规划，确立了"历史感、智慧型、生态性、生活化"的设计理念。为使杨浦滨江南段的转型建设能够更加充分利用历史建筑遗产的价值，更好地延续历史文脉，展现城市风貌，杨浦区开展了滨江地区历史风貌规划研究工作。针对杨浦滨江区域的历史建筑、历史文脉、城市底蕴、城市空间特征等进行详细的研究和分析，形成了滨江南段风貌评估成果，明确了各街坊的风貌保护要求，并通过城市设计及法定规划的编制，将滨江南段的风貌保护要求逐一予以落实。

示范经验二：结合地区功能定位和建筑特质，分类活化利用工业遗存——项目在地区功能导向下，注重挖掘工业遗存自身价值特色，摒弃一刀切的做法，进行分类活化利用。

滨江地区在历史建筑保护利用中，结合地区整体目标和功能定位、历史建筑的地理位置、场地条件、空间特征、体量等级等因素，进行"一楼一方案"特色改造。毛麻仓库、船坞、永安栈房等留存了老杨浦工业记忆的历史建筑，经过"修旧如旧，以存其真"的修缮改造，成为第三届上海城市空间艺术季的主展场和世界技能博物馆，既留存了"杨浦百年"的工业印记，也为公众提供了更加丰富的公共文化活动空间。

图5　毛麻仓库改造后照片

图6　永安栈房改造前后对比

示范经验三：运用"锚固"概念，打造不间断工业遗传博览带——项目注重建筑与空间环境的协调融合，通过"锚固"，强化历史建筑与周边环境的关联性和整体性。

"锚固"就是指现场当中这些特征要素的留存。在滨江公共空间贯通中，设计师和建设者充分挖掘了场所的潜在价值和精神，将遗留的工业构筑物、刮痕、肌理最真实、最生动、最敏感的记忆进行保留和诠释，杨浦滨江特有的水管灯、钢质的栓船桩、纺车廊架、水厂外的浮桥都充分体现了场所记忆。

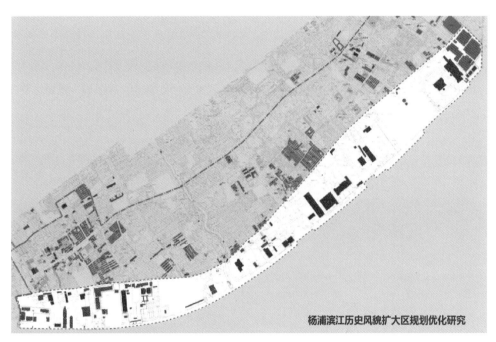

图7　杨浦滨江规划保护保留历史建筑

图8　杨浦滨江工业景观元素

23 黄山市歙县府衙历史文化街区西街壹号

示范方向： 活化利用类

供稿单位： 歙县徽州古城保护事务中心

供稿人： 杨敏、吴鹏、楼建军

专家点评　作为打造徽州古城会客厅的主要内容，项目秉承文化遗产原生环境与衍生环境有机融合的设计理念，通过在文物环境中注入文化产业园区的现代要求，以创新经营模式、活化利用历史建筑、组织策划文化活动、开展文旅线路开发、推进文创产品研发等方式，提升历史文化街区价值内涵，寻求历史文化街区与文旅产业园区新功能的和谐统一，使其成为历史文化名城保护发声地，展现与丰富城市文化、提升地区价值的重要载体。

图1　园区整体俯瞰图

（1）项目概况

区位：府衙历史文化街区位于国家历史文化名城安徽省黄山市歙县历史城区内，总面积为5.4公顷，西至整个月城范围，北至原府衙北街，东至小北街，南至曹氏二宅，包括十字街西端及打箍井街北段，其中西街一号文旅产业园位于街区东侧，用地面积为7571.22平方米。

历史资源：歙县是1986年国务院命名的第二批国家历史文化名城。地名文化遗产"千年古县"。秦始置县以来，至今已有2230多年历史，公元617年起，先后为郡、州、路、府治所，其中府县同城千余年，是古徽州的政治、经济、军事中心。府衙历史文化街区内有全国重点文物保护单位许国石坊，省级文物保护单位南谯楼、东谯楼、徽州府衙、徽州古城墙、方士载宅、曹氏二宅6处，以及市（县）级文物保护单位近40处。

价值特色：徽州府衙在历史上一直是古徽州地区的行政中心，它延伸出来的街巷集合了徽州艺术、文化等各方面的精髓。街区内各级文物保护单位、历史建筑众多，各组团间由青石板路相互连接。府衙建筑群庄严肃穆，再现了古徽州的辉煌。

实施内容：西街壹号文旅产业园地处历史文化街区建设控制地带内闲置的老县委大院，对老县委大院内的历史建筑进行活化利用和传承保护，项目以充分保留大院历史遗存为修缮性开发基准点，主要功能包括徽州大讲堂、酒店聚落区、文旅商业区。

图2　芳华酒店夜景

（2）实施成效

历史文化街区建设控制地带范围内新建建筑或更新改造建筑，必须服从"体量小，色调淡雅、不高、不洋、不密、多留绿化带"的原则。园区内建筑建于20世纪50~80年代，有典型红色元素及苏式风格，为"共和国建筑群"，有别于徽州古城内其他粉墙黛瓦的徽州建筑，风格独树一帜。项目初修缮时遵守街区设计原则，选择性拆除几幢危房，除了建筑和生活垃圾，保留所有的老物件。并邀请徽州本土老匠人以老砖、老瓦、老木料、老石材替换建筑腐朽构件，保持原院落肌理，增设部分临时性功能构件。

园区内安若酒店的设计团队，以释放、不设限为主题，在建筑外立面需原样原修的要求下，根据房间格局因地制宜，创造了18个不同的室内设计风格，打造了怡然的"小而美"居所空间。荣获"长三角最具网红特质民宿酒店""2019年度安徽省百家精品民宿""黄山市徽州民宿100佳最佳设计民宿""黄山市徽州古建筑保护利用工程保护利用示范点十佳民宿"及《室内设计与装修》杂志评比的"2017年度最受设计师欢迎精品酒店"。

图3　园区现状航拍图

图4　安若酒店前庭院空间

图5　安若酒店走廊空间

图6　餐厅改造前

图7　餐厅现状

图8　餐厅二层空间

（3）示范经验

·活化利用示范·

示范经验一：创新经营模式，以徽州大讲堂为主，活化利用历史建筑，同时最大程度保留历史建筑的真实性。

产业园内的徽州大讲堂由县委大礼堂修缮建成，并已被列为黄山市第二批历史建筑。项目对县委大礼堂进行保护性修缮和合理性利用，最大程度保留了历史建筑的真实性。设有会议厅、概念书店、非遗文创展示中心、艺术家流动工作室等；原有的宿舍楼、办公楼、档案楼已建为安若精品酒店、芳华文化酒店、木言青年旅舍，形成特有的酒店聚落；原有宿舍楼改建而成的安若餐厅，简雅素朴、拙朴淡雅。

图9　徽州大讲堂改造前后实景图

图10　青年旅舍改造前后对比

示范经验二：结合多元化的发展趋势，发挥园区的专业优势，打造历史文化名城保护发声地。

园区以设立歙县新时代文明实践中心为平台，广泛宣传历史文化名城保护相关内容，打造历史文化名城保护发声地，已累计举办近百场次会议活动。包括百家旅行商推荐会、徽州建筑演变与发展讲座、方锦龙（中国民乐四大天王之一）乔月丁酉新春音乐会、中国新锐设计师对话徽州古城——徽州设计师论坛，中国文旅投资人寻梦徽州——徽州文化旅游投资论坛、纪录片《做种》首映式等系列新文化活动。

园区工作人员积极制定特制会议服务方案，包括前期准备工作、中期对接工作、会议跟踪工作、会后服务工作四方面内容。打造包括前厅、餐厅、会议室、客房、公共区域等齐全的会议配套服务，为参会者创造良好的会议环境。

示范经验三：积极开展文旅线路开发，进一步推进文创产品研发工作。

整合歙县内部资源，积极加入歙县民宿协会。与历史街区内九月徽州、徽州景观、隐居等民宿合力打造"民宿一条街"，依托县政府举办的民俗文化节活动，推出尝徽派美食、打卡民宿网红点等系列活动，与古城内歙县徽墨厂携手打造的徽文化研学游正成为重要的徽州古城文旅线路。

图11　青年旅舍活动区、接待区实景图

24 昆明市文明街历史文化街区

示范方向： 活化利用类

供稿单位： 昆明市规划设计研究院

供稿人： 沈海虹、陈文、张弓、徐甘、金浩萍

专家点评 项目采取院落图则和建筑保护整治控制图则共同控制的方式，基于"微改造、小循环"的原则制定院落和建筑分类保护要求与整治措施，实现对历史文化街区的建设控制，并在保护类建筑内注入与其历史风貌和文化形态相协调的功能业态，实现文物活化利用，促进古建焕发新生。同时采取以"政府主导、企业运作、上下联动、整体推进"商业运作模式，让这些历史文化遗产焕发新的生机，获得持续发展动力。

图1 街区鸟瞰图（拍摄于2018年10月）

（1）项目概况

区位： 文明街历史文化街区位于云南省昆明市主城区中心，昆明古城中部，属于昆明市五华区。文明街历史文化街区北至华山南路、人民中路，南至景星街，西至云瑞西路、五一路、市府东街，东至正义路，文明街历史文化街区保护范围总面积为21.92公顷。核心保护范围面积为13.92公顷，包括文庙片区、抗战胜利纪念堂片区以及文物保护单位、历史建筑与传统风貌建筑密集的区域。

资源概况： 目前街区内存留了112处清末和民国时期的文物建筑及各类风貌建筑（各级文物保护单位15处、挂牌历史建筑26处、"三普"文物27处、建议历史建筑44处），是昆明市仅存的成片保持完整的历史风貌街区。

价值特色： 街区是昆明古城城市轴线的核心组成部分，是市中心区面积最大的历史文化街区，同时也是昆明建筑形式、文化内涵最为丰富的地方传统建筑聚集区，是近代民族抗战精神的典型而完整之见证，也是中原儒家文化与地方多民族文化相互交融的空间场所。

实施内容： 2003年，昆明市对文明街片区21.92公顷紫线保护范围分三期进行保护开发。2004~2018年，在昆明市政府与社会企业的共同参与下，陆续完成福春恒商号旧址、马家大院等文物、挂牌保护建筑和一批传统风貌建筑的修缮，以及景星街、光华街和文庙直街等道路的市政基础设施改造工程、云瑞公园的提升整治工程。

图2　街区保护区划图

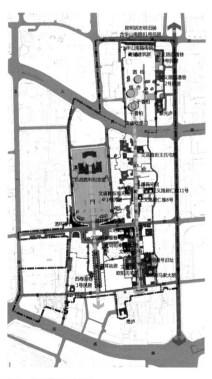

图3　街区保护要素图

（2）实施成效

依据《文明街历史文化街区保护规划》（2017年），采取院落图则和建筑保护整治控制图则共同控制的方式，实现对历史文化街区的建设控制。在此规划的指导下，文明街历史文化街区已修缮或建成约70余栋单体，陆续完成聂耳故居、马家大院等文物和挂牌保护建筑的修缮、正义坊购物中心的建设工程。经过保护修缮后，马家大院、福春恒商号等各级文物保护单位的级别得到了提升，新增了4栋挂牌历史建筑，文物和历史建筑的保护修缮工作取得了阶段性成果。

同时还对主要街道市政设施进行了改造，总计已完成修缮面积约4万平方米。至2019年，文明街片区钱王街、文庙直街东侧、文明街、光华街、甬道街、景星街等主要街道沿街建筑及云瑞公园基本修建完成，并进行了招商运营，街区传统风貌得到较大改善，居民生活环境得到明显提升。

图4　酒杯楼修缮前后对比图

图5 文庙直街修缮前后对比

图6 云瑞公园修缮前后对比

（3）示范经验

·活化利用示范·

示范经验一：以"政府主导企业运作、上下联动、整体推进"的思想引入商业运作——采用"一边保护一边开发"街区活化模式。

昆明市政府明确了在街区开发中以"政府主导企业运作、上下联动、整体推进"的指导思想引入商业运作，以市场化方式运作公益性项目。商业运作采用的是"一边保护一边开发"的模式，该模式开发的进度会相对迟缓，但这种模式更容易形成项目个性，并形成浓郁的文化氛围。引入商业运作一方面让老街重现历史的商业氛围、风土人情；另一方面考虑到经济因素，让历史街区通过商业运营再反哺古建筑保护，在一定程度上可解决保护文化遗产资金紧缺问题。

示范经验二：文物活化利用，古建焕发新生——在保护类建筑内注入与其历史风貌和文化形态相协调的功能业态。

街区在不可移动文物和历史建筑活化利用途径方面也进行了积极探索。推动历史文化资源与休闲文化产业的结合，强调与文物始建功能相符合、历史风貌和文化功能相协调的文化休闲产业植入。大力建设历史文化品牌项目，充分利用国有不可移动文物开展面向社会公众的公共服务。

图7　文明街

图8　钱王街

保护类建筑功能业态一览表

名称	保护等级	业态
福林堂	全国重点文物保护单位	传统老字号医馆
甬道街 73、74 号	省级文物保护单位	聂耳故居展览馆
马家大院（小银柜巷七号）	省级文物保护单位	昆明老街文化艺术中心
福春恒商号（小银柜巷八号）	省级文物保护单位	精品酒店
文明街欧阳氏宅院	市级文物保护单位	盘龙区文化馆
文庙直街王氏宅院	区级文物保护单位	云南白药体验中心
懋庐	区级文物保护单位	云南传统菜餐厅
傅氏宅院（居仁巷十号）	区级文物保护单位	文化会所
西卷洞巷一号	区级文物保护单位	珠宝会所
东西酒杯楼	挂牌历史建筑	特色酒店

图9　福春恒商号（小银柜巷八号）

图10　福林堂

图11　傅氏宅院（居仁巷十号）

图12　马家大院（小银柜巷七号）

泉州市中山路历史文化街区

示范方向： 活化利用类

供稿单位： 泉州古城保护发展工作协调组办公室、泉州市住房和城乡建设局、中国城市规划设计
研究院、泉州市城市规划设计研究院

供稿人： 李伯群、钟文成、蔡海鸿、林峰毅、徐萌

**专家
点评** 项目在充分研究街区历史、落实保护要求的基础上，开展系统性综合设计与实施工
程，开创性地从传统"一层皮"式整治向街区纵深进行延伸，并以"绣花功夫"推
动街巷微更新，切实提升改善民生。同时，合理活化利用老建筑，推动街区业态升
级，从"空间修缮提升"到"文化传承活化"，为街区注入持续的生命力，获得了良
好的社会效益。

图1　中山路街区实景

（1）案例概况

区位： 泉州市中山路历史文化街区保护传承项目位于泉州古城核心区，全长约2.5千米，是泉州古城重要的南北通衢，项目先行实施中山中路段保护提升修缮，北起钟楼，南至涂门街，全长约890米。

资源概况： 中山路作为泉州古城发展演变的结构性轴线，是古城历史文化资源的重要纽带，沿线涉及全国重点文物保护单位1处，省级文物保护单位5处，市级文物保护单位4处及历史建筑中山路建筑群。

价值特色： 泉州中山路是我国仅有保存最完整的连排式骑楼建筑商业街，其建筑风格蕴含着丰富的建筑文化，体现了泉州多元文化融合的特色，具有很高的艺术价值和学术价值。中山路为第一批"中国历史文化街区"，入选"中国十大历史文化名街"。2001年"中山路整治与保护"项目获得联合国教科文组织颁发的"亚太地区文化遗产保护奖"优秀奖。

实施内容： 项目站位泉州古城，整合多专业技术团队，在充分研究街区历史文化、严格落实保护要求的基础上，开展系统性综合设计与实施工程。内容包括历史建筑及传统风貌建筑修缮、地上与地下市政基础设施提升、地面景观铺装、夜景照明打造、交通组织改善等。

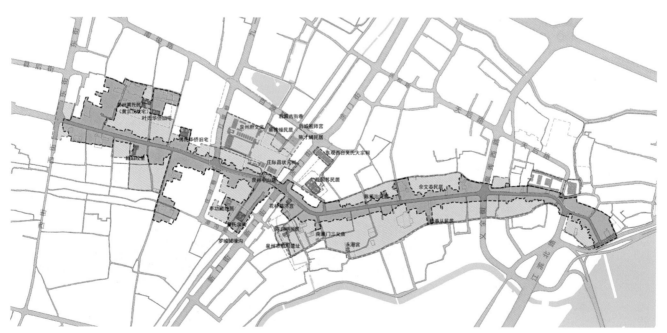

图2 中山路规划平面图

（2）实施成效

项目站位区域以建筑保护修缮为基础，同步开展古城范围的区域交通研究、市政专项规划、业态策划，构建风貌、交通、市政、功能四大支撑系统。明确以"绣花功夫"推进古城的可持续更新，延续了城市历史文脉。同时，强化立法保障，完善保护规划，正式施行《泉州市中山路骑楼建筑保护条例》，制定《泉州市中山路历史文化街区保护规划》《泉州中山路片区保护与整治城市设计》《泉州市中山路骑楼建筑保护图则》等街区保护修缮规范文件，将项目研究成果转化为长效管理机制。

项目注重改善民生，从"提升U形面"到"提升凹形槽"。坚持以解决民生诉求为重要抓手，突破"一层皮"的惯用手法，将提升范围向纵深延续。一是查阅史实，参照老照片，采用"分层施策"方式，保留建筑各类历史信息和细节特征，进行针对性提升；二是针对狭窄空间创新市政工程设计方案，在有限的地下空间内补足老城市政基础设施短板；三是充分利用骑楼吊顶空间设置隐蔽式的管线桥架，将原外挂的市政、消防管线进行隐蔽式迁移，恢复立面风貌，方便管线入户，消除裸露管线的火灾隐患；四是通过调整周边地区机动车、非机动车、行人的交通组织方式，进行"分时段步行化"改造，保障行人通行、休憩和活动空间。

项目合理活化利用老建筑，推动街区业态升级，为街区注入持续的生命力，做到"见人见物见生活"，获得了良好的社会效益。

图3　石板路面铺装（左）、骑楼桥架（中）及吊顶（右）

图4 修缮后的建筑（左）、夜景（右）

图5 保留恢复老招牌

图6 雨水排水口

（3）示范经验

· 活化利用示范 ·

示范经验一：整体谋划，明确功能定位和业态引导

项目坚持整体保护，从"设计一条街巷"到"研究一座古城"。小街大事，中山路作为泉州唯一贯通古城南北的功能主轴和交通主轴，其重要性不仅体现在沿街建筑的历史风貌上，也对古城的整体交通组织、市政系统、业态布局等方面产生着重要影响。从中山路全段入手，提出"恢复、培植、点亮、活化"四大提升策略，明确街区功能定位、提升街巷传统文化展示。从完善准入机制、制定业态导则、加强精细化管理、建立业态培育长效机制、重点业态突破等多方面发力，采取收储租赁、以修代租和资产移交等方式实施街区房产资源整合。

图7 "非遗"传承展演（苏廷玉故居活化利用）

图8 中山路示范段（局部）修缮前后建筑立面对比

示范经验二：重塑活力，从"空间修缮提升"到"文化传承活化"

　　以用促保，规划利用修缮后的传统风貌建筑及老旧厂房，开设各县（市、区）特色馆、建设文化创意园、复兴老字号与老记忆、展示泉州非遗传承、开展青年创客文化IP孵化活动，初步形成多元业态格局。同时，通过举办非遗文化公益演出、泉州海丝古城徒步穿越活动、"润物无声"系列文化主题展览等形式多样的活动，展示古城深厚的历史底蕴和独特的人文魅力，传承古城历史文化，唤起人们心中的"古城情结"。

图9　手工裁缝（左）、鞋匠（中）、钟表匠（右）

图10　润物无声主体展览（左）、青年创客文化IP孵化（陈光纯故居活化利用）（右）

26 南宁市三街两巷历史文化街区

示范方向： 活化利用类

供稿单位： 南宁兴威投资管理有限公司

供稿人： 路宽、梁雅婷、黄效集、雷丽君、郑慧倩

专家点评 项目以保护和传承南宁历史脉络为核心，充分考虑民生改善问题，遵循"沿街商业骑楼，内部巷道居民"的原则进行风貌分区，依托保留修缮、整治改造、新建建筑三大工程内容，借助保护手段创新，还原老南宁风貌，唤起城市记忆，重现了邕州商埠繁华景象。另通过建设公益主题、文化创意、特色商业三大版块，呈现多元化、多层次的文化文创业态组合，实现文创与现代商业并举，为街区注入新生活力，成为南宁市名副其实的城市新地标和人文会客厅。

图1 南宁市"三街两巷"项目金狮巷银狮巷保护整治改造（一期）效果图

（1）项目概况

区位："老南宁·三街两巷"历史文化街区（一期）项目规划范围涉及当阳街、民族大道、民生路、兴宁路等道路围合的市中心传统街区，占地约4.27公顷。项目是南宁市首个致力于打造具有鲜明老南宁历史文化特色的文旅项目。

价值特色：南宁的"三街两巷"始建于宋代，为邕州商业的发祥地，是历经时间最久、历史文化资源最集中、最能体现南宁历史人文的街区，承载着南宁历史之源、文化之根、人文之魂。

资源概况："老南宁·三街两巷"中"三街"分别指兴宁路、民生路和解放路3条步行街，"两巷"分别指金狮巷和银狮巷。项目涉及的历史文化遗存包括省级文物保护单位邕州知州苏缄殉难遗址、广西高等法院办公楼旧址，市级文物保护单位金狮巷民居群以及中华电影院、南宁城隍庙、邓颖超纪念馆等。

实施内容：历史文化资源是不可复制的珍贵资源，项目建设过程遵守历史文化街区保护的各类法律法规，以严格保护为基本前提，全面考虑、兼顾统筹、整合资源、整体发展。保护修缮工作的实施开展，一是分析现状建筑，分级分类明确保护与整治方式；二是谨慎修缮文物保护单位、历史建筑，对原构件进行编号，进行原位置复原；三是采取原材料、原工艺、新技术等方式实现"修旧如旧"。

图2　城隍庙

图3　中华大戏院

图4　当阳街骑楼实景

图5　万国酒家

（2）实施成效

2018年12月23日，"老南宁·三街两巷"历史文化街区一期，包括南宁城隍庙、银狮巷、金狮巷、邓颖超纪念馆等核心片区，正式开街运营，相继入选第三批自治区级历史文化街区、自治区级高品位步行街，成为南宁市名副其实的城市新地标和人文会客厅。

根据规划设计，总体遵循"沿街商业骑楼，内部巷道居民"的原则进行风貌分区，分为保留修缮、整治改造、新建建筑三大工程内容。

金狮巷民居群的保护修缮，保留了建筑原有平面布局和结构，仅对建筑立面进行整修，遵循"修旧如旧"的原则，不做大的改动；梳理街巷空间、适度增加开放空间及绿化。

在建筑修复时尽量使用原材料，一些补建的材料为专门从各地收集而来的旧材料，如农民拆除旧房时的砖瓦。泛黄的老墙使用的是由稻草或纤维物质加工而成的"纸筋灰"。同时，修复人员也要沿用古代传统制法的灰浆配置，以便更好地还原其历史风貌。

兴宁路骑楼建筑，对其立面进行整治改造，在基于现状建筑测绘的基础上，保持原有柱距、层高、开间不变，根据历史照片反映的建筑特征还原沿街骑楼和丰富的装饰元素。

中华电影院等历史文化遗存，同样进行了深入的文化挖掘，根据史料及老照片进行了立面复原，修缮后恢复"中华大戏院"名称。

邕州知州苏缄殉难遗址修缮内容包括墙体遗址、红砂岩台阶、台地（即遗址未露明部分）、在苏缄以身殉城的位置建立碑亭并加以保护。

图6　仓西门巷、当阳街、银龙巷、镇江门巷

图7　街区实施后实景

图8　当阳街骑楼效果图

（3）示范经验

·活化利用示范·

示范经验一：彰显城市文脉，优化城市功能

前期策划上，梳理具有代表性的城市文脉，如北宋时期邕州抗击交趾的惨重历史及邕州知州苏缄"吾义不死贼手"的英雄文化、百年商埠的商业文化等，通过合理利用和有序更新，优化城市功能，融入更多的传统文化要素，有效结合历史遗产和现代生活，彰显历史文化街区的文化氛围。

项目建设过程中，充分考虑民生改善问题，保障原居民和商家的利益，通过整体的整治、修缮，改善了脏乱差的环境和安全隐患，有序推进历史文化街区的保护与更新。同时，项目位于南宁传统的商业中心，周边大型百货和高层建筑林立，基础设施改造压力较大，通过项目建设改善了区域交通，通过街道环境的改善、街区内部空间的设计、植被和街道家具的处理等手段，优化空间环境，提升城市空间品质。

图9　中华电影院修缮后照片

图10　漓江书院

图11　苏缄殉难遗址修缮后照片

示范经验二：文创与现代商业并举，注入街区新生活力

　　项目运营管理上，充分考虑项目建筑特色及文化内涵进行业态布局，主要包括公益主题、文化创意、特色商业三大版块。公益主题包含南宁城隍庙、邓颖超纪念馆、南宁建制博物馆、邕州知州殉难遗址、金狮巷民居群等主题景点；文化创意版块包含漓江书院、南宁市瓯骆汉风陶瓷博物馆等多个落位于金狮巷民居群文物保护单位的系列文化展馆、艺术中心及"三街两巷"旅游纪念品店；商业业态主要以突出老南宁特色文化为主题，涵盖餐饮、零售、文化、休闲娱乐等多元业态形式：一是具有老南宁历史文化特色的本地知名餐饮及小吃，二是中华老字号、广西老字号以及民间老字号，三是国际知名连锁品牌，四是结合现代时尚消费的生活休闲品牌。同时，迁回重现"打金打银"、糖画、纸扇绘画、手编工艺品等多种民间传统手工艺、非遗文化产品，进一步丰富了项目文化内涵及街区氛围。

图12　金狮巷修缮前照片

图13　金狮巷修缮后照片

27 北京市白塔寺历史文化街区

示范方向： 公共参与管理类

供稿单位： 北京市规划和自然资源委员会西城分局、什刹海阜景街建设指挥部、新街口街道办事处、北京华融金盈投资发展有限公司

供稿人： 苏秋鹏、尹洪杰、周婧、林铁军、于长艺

专家点评 该案例多年来坚持政府主导、国企平台实施、尊重社区意见、渐进式保护改造的原则，建立北京老城内首个街区理事会，理事成员由居民代表、驻区单位、商户代表和专家组成，以"白塔寺再生计划"为契机，以共享共治为目标，专注长期培育和发挥社会力量，孵化社区自组织能力，利用街区内腾退空间建成白塔寺会客厅等新型公共文化设施，为居民提供协商议事的公共空间。

（1）项目概况

区位： "白塔寺再生计划"位于北京市西城区白塔寺周边。项目范围东起赵登禹路，西至西二环，南起阜成门内大街，北至受壁街规划路，总占地面积约37公顷。

资源概况： 白塔寺片区所处阜成门内大街是北京市第一批25片历史文化街区之一。《北京城市总体规划（2016年—2035年）》将其列为13片老城历史文化精华区之一。区域内有丰富的历史遗存，全国重点文物保护单位2处、未定级文物8处、优秀近现代建筑1处、挂牌四合院4处。

价值特色： 白塔寺地区地处北京老城西北，其历史可追溯至元代，历经明清延续至今，是朝阜干线西起点，坐落着元朝修建的古老城市景点——北京妙应寺、文学巨匠鲁迅故居，还有中西合璧的民国四合院，是古都文化和市井风情文化并存的特色历史文化街区。

实施内容： "白塔寺再生计划"是一项推动街区整体保护更新、民生改善和文化复兴的长期工程，规划尝试将硬性的街区空间更新和软性社区治理创新相配合，利用跨学科手段多角度解决街区复杂问题。通过高水平的空间规划设计，结合文化挖掘、社会设计、机制构建等，立体化开展老城传统平房区的更新改造。

图1 白塔寺药店降层
（原状、改造效果图）

图2 阜成门内大街一期
项目改造（改造后实景）

（2）实施成效

截至2019年，阜内大街与阜内北街以及青塔胡同西线完成道路、市政设施改造提升，完成公共空间景观环境改造约2万平方米，建筑立面保护提升约5000平方米。官园（原花鸟鱼虫市场）完成改造投入使用，另有共生院落试点、联合连片试点、开间更新试点、房屋成套化改造、集成式住宅、可变家居等方面的就地改善等新措施试点，都取得了有益的经验和成果。

"白塔寺再生计划"及相关的项目被社会广泛关注，被众多媒体报道，并得到公众普遍的肯定和好评。

图3　阜内大街北侧沿街立面改造前后

图4　原官园花鸟鱼虫市场改造前后

图5　院落更新案例：429共享院

图6　院落更新案例：混合院

图7　院落更新案例：福绥境胡同50号院

（3）示范经验

· 公共参与和管理示范 ·

示范经验一：社会力量和社区共同参与的创新治理模式，利用公共空间孵化社区自组织。

街区内利用疏解、腾退空间陆续建成青塔41号胡同博物馆、白塔寺街区会客厅等新型公共文化设施，通过委托专业机构运营，为居民提供相互交往、协商议事、共同行动的公共空间。在这些空间的孵化之下，越来越多在地居民开始了解街区保护更新理念，形成各具特色的社区自组织，成为主动参与街区空间更新和社会治理创新的有生力量。

示范经验二：建立街区理事会共谋发展。

白塔寺地区建立了北京老城内首个街区理事会，搭建了多方共商街区事务的议事平台。理事成员由68名居民代表、驻区单位、商户代表和专家组成。街区内的各利益相关方建立了协商议事机制，并参与到街区环境治理、社区营造、商业提升等方面的决策和实施等全过程之中，使街区保护更新成为街区成员共同的事业。

图8　2016白塔寺国际方案征集"小院儿的重生"报名　图9　居民参与片区公共空间议事
现场

图10　2016白塔寺国际方案征集"小院儿的重生"　图11　丰富的社区设计营造
实地踏勘

　　为了进一步汇聚众智，白塔寺地区以"北京国际设计周"为契机搭建社会参与平台，引入多元社会力量共同思考和解决老城传统平房区保护更新的复杂问题。几年来，在设计周期间围绕"北京小院儿的重生""新邻里关系的营造"等不同主题，收集到大量来自社会的精彩提案。一些在设计周展览展示过程中获得广泛认可的提案，逐渐深化成为成熟的落地实践项目。

　　以"胡同—四合院"传统格局构成的传统平房街区是北京老城最重要的组成部分之一。这种独特的街区肌理和居住形态不仅承载着老城传统城市营建的文化底蕴，亦展现着千年古都绵延至今的旺盛生命力。新中国成立以来，北京老城的保护与更新不断经受着经济与社会的考验，尤其近30年经历巨大的方向性转变后，终于形成了越来越坚定稳固的社会共识。在老城整体保护原则指导下，在政府有形之手、市场无形之手和市民勤劳之手的共同推动下，以"白塔寺再生计划"为代表的老城传统平房区，不断实现民生改善、品质提升与地区文化魅力复兴，形成传统平房区可持续、可造血的保护更新机制。

图12　丰富的社区设计营造

图13　"白塔寺再生计划"参与第15届威尼斯建筑双年展

图14　"白塔寺再生计划"共计举办了各类展览、活动、论坛300余场，共吸引在地居民、知名设计师、文创爱好者逾20万人次

28 济南市历下区历史文化街区

示范方向： 整体保护类

供稿单位： 济南市自然资源和规划局、历下区历史文化街区保护中心

供稿人： 吕涛、续明、于克、盛静辉、刘虹

专家点评　街区采取"小规模、渐进式"的审慎模式，不搞突击性大面积改造。在历史风貌恢复中，尽可能以价值评估和真实性分析为依据，采用有历史依据的传统工艺修缮和恢复建筑立面、实施地面铺装、有序展开历史街巷风貌恢复、历史建筑解危保护等面上工作，实现了"让老城自然生长，不急功近利打造"的目标。街区还注重保护施工中发现的泉眼、暗泉等珍贵历史遗迹，彰显了泉城价值特色。

图1　芙蓉街—百花洲历史文化街区鸟瞰图

（1）项目概况

区位： 济南是第二批国家历史文化名城，又被誉为"泉城"。古城与商埠并举，"山、泉、湖、河、城"一体是济南的城市特色。济南古城片区主要是护城河围合范围内3.2平方公里。

资源概况： 芙蓉街—百花洲历史文化街区总用地面积25.7公顷，有不可移动文物85处，其中省级文物保护单位4处、市级文物保护单位11处、区级文物保护单位70处；历史建筑5处。将军庙历史文化街区总用地面积16.08公顷，有不可移动文物64处，其中省级文物保护单位6处、市级文物保护单位10处、区级文物保护单位48处；历史建筑2处。

价值特色： 该区域是济南历史文化名城的重要支撑，历史人文资源十分丰富，更有珍珠泉、芙蓉泉等80余处泉水水系串流分布在小巷民居之间，构成了世界上独一无二的冷泉人居生态环境。始建于宋代的府学文庙、始建于明代的江西会馆等文物保护建筑，张家大院、田家公馆等历史建筑、特色院落星罗棋布。鞠思敏、辛铸九、丁宝桢、路大荒等近现代名人故居，济南诗派、曲山艺海、泺源书院、曲水流觞等历史人文活动印记均汇聚于此，是济南弥足珍贵、不可再生的独有财富。

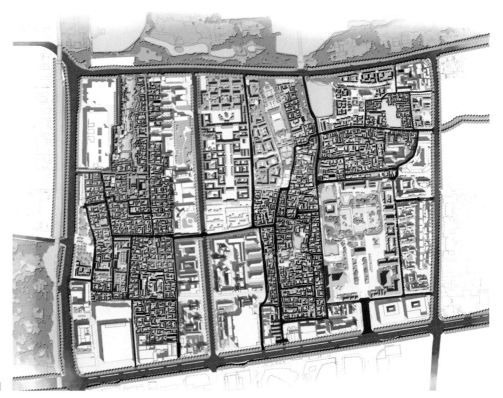

图2　总平面规划图

实施内容：近5年来，历下区政府自筹和争取上级资金约2亿元实施双忠祠街、芙蓉街、芙蓉巷、起凤桥街、茶巷、涌泉胡同、东花墙子街、辘轳把子街、庠门里、泮壁街、后宰门街、岱宗街、万寿宫街10余条老街巷历史风貌恢复工程，其中起凤桥街采用传统工艺恢复拉麻、砖砌、石砌立面和门楼的做法已承担济南泉城申遗基础工程的重要试点及推广任务；打通现代商业开发中封闭的西城根街、启明街、寿康楼街3条历史老街断头路，一举盘活古城西片区交通和文化旅游体验节点；试点推进文庙广场、县西巷微绿地、运署街口袋公园3个与传统建筑和文物保护单位相关的公共空间打造，让老建筑活化利用和历史风貌信息展示回到老百姓身边；实施府学文庙、状元府、灵官庙、双忠祠、孙家公馆、明城墙、贡院影壁等省市级文物保护单位的修缮工程，委托专业单位对高都司巷、明代碧霞宫遗址进行考古发掘，实现应保尽保；投资5亿元实施的百花洲一期保护更新项目，现已成为非遗传承和传统文化展示的标志性园区。

依托古城历史文化街区，由文化和旅游部门挂牌打造的济南百花洲传统工艺工作站，目前是全国唯一的城市中心区传统工艺工作站，并成为中国非物质文化遗产博览会永不落幕的会场之一。

图3　芙蓉街改造前

图4　芙蓉泉

图5　芙蓉街改造后

图6　芙蓉街实施效果

图7　芙蓉街—百花洲历史文化街区鸟瞰

图8　王府池子街老照片（左上）实施
效果（右上、下）

（2）实施成效

两片历史文化街区以规划为引领，统筹历史保护、建筑、交通、基础设施、文化保护传承等专业领域，推进历史文化街区整体保护提升。

通过实施历史风貌恢复工程基本扭转了以前居民群众对历史街区保护的不理解、不认可的局面，扩大了保护传承的群众基础，芙蓉街、岱宗街、涌泉胡同客接待量达到年4000万人次。

在街区传统风貌恢复的基础上，通过断头路打通、公共空间营造，方便原住民生活，逐步恢复原生态活力。通过考古发掘、文物保护单位征收试点和文物保护单位、历史建筑修复保护工程等工作的协调推进，形成了老城科学性保护的有效闭环。

试点项目已取得社会、居民群众和专家学者的良好评价。部分保护后的历史遗存成为济南特色网红点。实施工作以历史街区保护为依托，广泛开展历史文化保护传承工作。策划实施的老济南记忆工程、历史街区社区非遗复兴计划、古城品质提升计划等逐步形成了历史街区文化活态传承的长效机制。区域内百花洲剧场、明湖居及百花洲历史街区街角剧场常年开展十多项非遗曲艺、戏曲的展演活动。目前，国家第三批非遗项目济南皮影、省级第三批非遗项目鲁绣等200余项非遗和传统文化项目在历史街区内长年展演并进行活态传承。

图9 历史文化街区实景

（3）示范经验

· 整体保护示范 ·

示范经验一：济南古城片区历史文化街区采取"小规模、渐进式"的审慎模式，坚持总体规划、科学分步分项实施，成熟一处实施一处，不搞突击性大面积改造。

从最容易得到群众和社会认可的小规模提升项目入手，先行实施试点项目样板段墙面风貌恢复工程，用样板段成功的落地实施成果推动与群众的沟通和正面宣传，不但赢得了群众的支持，更通过项目实施让历史街区风貌保护的理念深入人心。在此基础上，积极推广试点工程取得的经验，文物保护单位征收和修缮、历史街巷风貌恢复、历史建筑保护等工作有序展开，实现了"让老城自然生长，不急功近利打造"的目标。

图10　曲水亭街实施效果

图11　起凤桥街实施效果

图12　涌泉胡同碑刻改造前后

示范经验二：在历史街区保护工作中坚持"保护优先，应保尽保"的原则，在保护工程开展前，先行实施田野调查和文物保护单位挖掘。

先后通过田野调查和考古发掘新发现《老残游记》中刘鹗居住的高升店、《济南府志》中记载的良辰照相馆等老建筑，发掘明代济南城市轴线上的泰山行宫遗址、高都司巷泉水人居遗址等重要的要素点，在保护工程中对文庙广场清代青石铺装、泉水暗渠、梯云溪遗址、芙蓉街泉眼、涌泉胡同碑刻等珍贵历史遗迹，第一时间采取了保护措施。

图13　寿康楼改造后（上）、寿康楼街西口（下）

图14　双忠祠街实施效果

示范经验三：坚持修旧如旧的原则。

在规划设计层面，历下区政府连年拿出专门资金开展老物件、老照片征集；组织开展老居民对照老照片、指认老建筑的老济南记忆工程和历史遗存寻根活动；组织文史专家对历史街区内的历史原貌进行考证和梳理，尽可能为历史文化街区保护收集更多可靠依据。在实施层面，对历史文化街区内的所有历史遗存先行进行价值评估和真实性分析，积极探索和扩大传统工艺在历史文化街区保护工作中的应用。

在街区传统风貌恢复中，尽可能以价值评估和真实性分析为依据，采用有历史依据的传统工艺修缮和恢复建筑立面、实施地面铺装。

图15　庠门里实施效果

图16　将军庙街实施效果

图17　涌泉

图18　西城墙改造前后

图19　东花墙子街老照片（左）、东花墙子街改造前后（右）

附录

案例名称对照表

历史文化名城示范案例　　　　　　　　　　　　　　　　表1

序号	申报名称	书稿名称
1	平遥古城人居型遗产的活化之路	平遥历史文化名城
2	丽江历史文化名城	丽江历史文化名城
3	云南大理巍山历史文化名城保护规划	巍山历史文化名城
4	青州古城	青州历史文化名城

历史文化街区示范案例　　　　　　　　　　　　　　　　表2

序号	申报名称	书稿名称
1	扬州仁丰里历史文化街区保护与利用案例	扬州市仁丰里历史文化街区
2	金鱼巷微改造项目	泉州市金鱼巷
3	上海市徐汇区衡山路—复兴路历史文化风貌区保护与更新	上海市衡山路—复兴路历史文化风貌区
4	东四三条至八条历史文化街区	北京市东四三条至八条历史文化街区
5	打造发展"硬核",推动平江历史街区有机更新向纵深发展	苏州市平江历史文化街区
6	五大道历史文化街区	天津市五大道历史文化街区
7	抚州市文昌里街区保护与活化案例	抚州市文昌里历史文化街区
8	恩宁路历史文化街区试点详细设计及实施方案	广州市恩宁路历史文化街区
9	磁器口历史文化街区	重庆市磁器口历史文化街区
10	拉萨八廓街历史文化街区	拉萨市八廓街历史文化街区
11	杨梅竹斜街保护修缮项目	北京市杨梅竹斜街
12	从棚户区到世界遗产高地——杭州桥西历史街区保护传承的创新实践	杭州市桥西历史文化街区
13	老城南历史城区中的历史地段微更新——南京市秦淮区小西湖(大油坊巷)历史风貌区的保护与再生	南京市秦淮区小西湖(大油坊巷)历史风貌区
14	崇雍大街城市设计暨雍和宫大街示范段整治提升工程设计	北京市崇雍大街
15	老城市新活力——广州市沙面历史文化街区历史文化保护与传承	广州市沙面历史文化街区
16	昆明翠湖周边历史文化片区	昆明市翠湖周边历史文化街区

序号	申报名称	书稿名称
17	小西街历史文化街区	湖州市小西街历史文化街区
18	颐和路历史文化街区	南京市颐和路历史文化街区
19	扬州东关街历史文化街区保护与利用案例	扬州市东关历史文化街区
20	宜兴市丁蜀镇古南街整治保护	宜兴市丁蜀镇蜀山古南街历史文化街区
21	西津渡历史文化街区	镇江市西津渡历史文化街区
22	杨浦滨江南段（5.5公里）	上海市杨浦滨江南段（5.5公里）
23	黄山市歙县府衙历史文化街区——西街壹号文旅产业园区	歙县府衙历史文化街区西街壹号
24	云南省昆明市五华区文明街历史文化街区	昆明市文明街历史文化街区
25	泉州市中山路历史文化街区保护传承项目	泉州市中山路历史文化街区
26	"老南宁·三街两巷"历史文化街区	南宁市三街两巷历史文化街区
27	白塔寺再生计划	北京市白塔寺历史文化街区
28	济南古城历史文化街区风貌恢复和历史文化保护传承案例	济南市历下区历史文化街区

注：申报名称是各地申报示范案例时提交的项目名称，本书为便于读者阅读，对案例名称进行了规范和统一。

后记

　　《历史文化保护与传承示范案例（第一辑）》的编写得到住房和城乡建设部领导的高度重视。2019～2020年，住房和城乡建设部建筑节能与科技司委托住房和城乡建设部科学技术委员会历史文化保护与传承专业委员会和中国城市规划设计研究院开展了历史文化保护与传承示范案例征集工作。本书的编写，是在此基础上对各个示范案例的一次再总结与再提炼。

　　在案例的评选和出版过程中，住房和城乡建设部给予了大力的支持，建筑节能与科技司苏蕴山司长、汪科副司长和名城处胡敏处长等进行了全程的指导。

　　感谢王瑞珠院士为本书撰写序言，他对中外历史保护历程、经验的深刻理解，对保护与传承工作的殷切期望，鞭策我们继续努力。

　　感谢专委会吕舟主任、赵中枢秘书长和全体委员，他们对案例的评选和编辑工作给予全方位的帮助和指导。

　　感谢各案例的供稿单位和供稿人，他们无私地提供了宝贵的文稿和大量精美的图纸、照片，为本书的编写奠定了基础。感谢参与案例评选、点评的各位专家，他们在百忙之中对申报案例进行了初评、复评、复核，并留下了宝贵的点评意见，为我们准确把握和深入学习这些案例提供了指南。

　　本书能得以最终出版，要感谢中国城市规划设计研究院的无私付出，王凯院长对书稿出版工作高度关注并全程指导，科技处彭小雷处长、所萌女士对书稿出版中的一些繁琐工作给予了悉心指导和帮助，历史文化名城研究所鞠德东所长组织团队的骨干力量参与本书的组织、统筹和编写，做了大量认真细致的工作。

　　在此，还要特别感谢中国建筑工业出版社鼎力支持出版本书，向陆新之主任、刘丹编辑致以诚挚的谢意，是你们认真的态度、细致的工作和过程中很多积极主动的建议让我们得以加快出版进度、保证出版质量。

　　当然，由于时间有限，本书的出版编辑印刷可能存在不足之处，我们真诚地希望广大作者、读者批评指正。

本书编者

2021年9月